"十二五"职业教育国家规划教材
经全国职业教育教材审定委员会审定

 国家级精品资源共享课立项课程配套教材

工业和信息化人才培养规划教材　　高职高专计算机系列

UML
软件建模技术

Software modeling technology in
Unified Modeling Language

江文 ◎ 主编

唐俊 戴臻 叶晖 王湘渝 ◎ 副主编

U0242180

人民邮电出版社

北 京

图书在版编目（CIP）数据

UML软件建模技术 / 江文主编. -- 北京：人民邮电
出版社，2015.1（2021.1重印）
工业和信息化人才培养规划教材. 高职高专计算机系
列
ISBN 978-7-115-35208-8

Ⅰ.①U… Ⅱ.①江… Ⅲ.①面向对象语言－程序设
计－高等职业教育－教材 Ⅳ.①TP312

中国版本图书馆CIP数据核字(2014)第063906号

内 容 提 要

本书以实用、够用为原则，介绍了软件建模技术的基本概念。全书内容由浅入深，逐步展开，并配有大量的案例和课堂练习，力图使初学者更容易理解。

本书从最基本的内容讲起，详细介绍了UML语言，并着重论述了如何使用UML对应用系统进行建模。同时，为配合知识点的讲述，将一个实际项目作为案例与所讲述的内容融合在一起，力图做到从应用中来到应用中去，例如用类图和交互图来描述诚信公司的诚信管理论坛系统中的静态和动态行为。本书是一本以知识为导向，以实际应用为目标的讲解软件建模技术的教材。

本书可作为职业院校软件专业课教材，也可供相关从业人员和技术人员参考。

◆ 主　　编　江　文
　　副主编　唐　俊　戴　臻　叶　晖　王湘渝
　　责任编辑　王　威
　　责任印制　杨林杰

◆ 人民邮电出版社出版发行　　北京市丰台区成寿寺路 11 号
　　邮编　100164　　电子邮件　315@ptpress.com.cn
　　网址　http://www.ptpress.com.cn
　　北京七彩京通数码快印有限公司印刷

◆ 开本：787×1092　1/16
　　印张：14　　　　　　　　2015 年 1 月第 1 版
　　字数：370 千字　　　　　 2021 年 1 月北京第 14 次印刷

定价：36.00 元
读者服务热线：(010)81055256　印装质量热线：(010)81055316
反盗版热线：(010)81055315

前　言

　　软件建模是通过建立一套模型在待开发软件系统需求与实现之间架起一座桥梁，如同建造一栋大楼之前需要绘制设计施工图一样，这样软件设计师与工程师就能按照所建立的模型开发与改进软件系统。UML（Unified Modeling Language，统一建模语言）是一种通用的可视化建模语言，用于对软件系统进行描述、可视化处理、构造和建立系统的工作文档。它记录了与被设计系统有关的决策和分析，可用于对系统进行分析、设计、浏览、配置、维护以及控制。UML 具有灵活、表达能力强的特点，是目前主流的软件建模语言。

　　软件设计技术类课程目前已成为高职院校计算机类专业教学中的重要课程，是计算机类专业学生必须掌握的专业技能之一。根据对软件企业的软件设计师、程序员、测试员等职业岗位的知识、技能和素质分析，结合高职学生的认知规律和专业技能的形成规律，为使学生熟练掌握软件设计的基本理论和技术，不少高职院校开始将"软件建模技术"作为重要的专业必修或选修课程开设。

　　本书是一本为高职院校"软件建模技术"课程"讲练一体"教学量身定做的教材，选用行业主流的"Enterprise Architect"作为建模工具平台，主要介绍使用例图、类图、活动图、时序图、组件图和部署图对应用系统进行需求分析、组织架构和应用建模等方面的知识。课程的学习情境是设计与开发诚信管理论坛系统。本书对"诚信管理论坛系统"项目案例进行剖析与分解，并对课程知识点进行重构和组合，模拟相应的学习情境，不仅帮助学生掌握软件项目开发中的需求分析与设计等方面的专业知识与技能，还能够全面培养学生的综合素质，提高其收集资料的能力、检查判断的能力、合理使用工具的能力、组织协调能力、语言表达能力、责任心与职业道德、自我保护能力、应变能力，同时，通过工学结合的学习掌握工作岗位需要的各项技能和相关专业知识。

　　本书在对诚信管理论坛系统和在线聊天系统进行解析的基础之上，将软件开发工程师应具备的知识、能力和素质训练有机地融合到项目的分析与设计中，形成 4 个理实一体化的教学单元。课程考核采取项目开发与过程考核相结合的方式。

　　在通过了"十二五"职业教育国家规划教材选题立项之后，根据《教育部关于"十二五"职业教育教材建设的若干意见》对本书进行了修订，邀请行业、企业专家和一线课程负责人一起，从人才培养目标、专业方案等顶层设计做起，明确了软件建模课程标准；强化了教材的沟通与衔接，力求在中高职衔接上平滑过渡；根据岗位技能要求，引入了企业真实案例，增加了"项目实战"模块；重点建设了课程配套资源库，新增了配套光盘，建设了课程教学网站，通过"微课"等立体化的教学手段来支撑课堂教学。力求达到"十二五"职业教育国家规划教材的要求，提高高职院校软件建模课程教学质量。

　　我们对本书的体系结构做了精心的设计，按照"需求建模－架构建模－应用建模"这一实际的项目实现过程进行编排，力求将需求分析、设计和实现这三者有机地结合在一起，体现软件开发实现的全过程。在内容编写方面，本书难点分散，循序渐进；在文字叙述方面，本书用词浅显易懂，重点突出；在实例选取方面，案例实用性强，针对性强。

各教学单元设计如下表所示。

各教学单元及任务列表

教学单元	教学任务	参考学时	
项目一 软件建模基础知识	1.1 软件建模概述	1	3
	1.2 UML 与 Enterprise Architect 建模工具	2	
项目二 需求建模	2.1 用例图	2	8
	2.2 诚信管理论坛系统需求分析	2	
	2.3 技能提升——在线聊天系统需求分析	1	
	2.4 活动图	2	
	2.5 技能提升——在线聊天系统需求动态建模	1	
项目三 架构建模	3.1 状态图	4	14
	3.2 类	2	
	3.3 类图与类的关系	4	
	3.4 交互图	4	
项目四 应用建模	4.1 对象图和包	2	7
	4.2 组件图和部署图	2	
	4.3 正向工程与逆向工程	3	

本书每个项目都附有作业，可以帮助学生进一步巩固基础知识。本书配备了 PPT 课件、源代码、课程标准等丰富的教学资源，任课教师可到人民邮电出版社教学服务与资源网（www.ptpedu.com.cn）免费下载使用。本书由湖南科技职业学院的江文担任主编，项目一由湖南科技职业学院江文编写，项目二由戴臻编写，项目三由唐俊与王湘渝编写，项目四由长沙学院叶晖与湖南科技职业学院邓军编写。

由于编者水平有限，书中难免存在不足之处，敬请广大读者批评指正。

编　者

2014 年 2 月

目 录 CONTENTS

PART 1 项目一
软件建模和软件工程

本项目目标

模型（Model）是对现实世界的简化，软件建模则是对业务系统软件的抽象描述。通常在软件设计与分析中使用 UML 语言来建模。UML（Unified Modeling Language，统一建模语言）是一种可视化的建模语言，主要应用于软件工程领域。本项目主要是一些基本概念的描述，因此非常重要。通过本项目的学习，我们将理解软件建模和软件工程的主要概念，为后续的学习打好基础。本项目的学习目标如下。

- 理解建模的概念。
- 理解软件工程的基本概念。
- 理解软件建模基本概念以及建模语言的组织结构。

1.1 软件建模概述

 内容提要

模型（Model）是对现实世界的简化，软件建模则是对业务系统软件的抽象描述。通常在软件设计与分析中使用 UML 语言来建模。UML 是一种可视化的建模语言，它可以用来创建各种不同类型的模型。本节将首先讲述建模的概念，然后引出建模语言——UML。在 UML 这一小节中主要介绍了 UML 的历史、UML 的基本概念。另外，必须使用一种工具来帮助我们实现 UML 建模，因此在本节的最后介绍了 UML 建模工具 Enterprise Architect。本节主要内容如下。

- 建模概述。
- UML 简述。
- Enterprise Architect 介绍。

1.1.1 软件建模概述

1．什么是模型

什么是模型？在回答这个问题之前，我们先来回忆一下生活中常见的一些图表、文字：介绍天气情况的气象图；指示交通情况的交通地图；说明泡沫式灭火器如何打开的过程描述图……所有这些，都是我们身边事物的模型。那么，模型是什么呢？简单地说，模型是对现实的简化。它是现实事物的一种微缩表示，或是一种用于生产某事物的模式，也可以是一种设计或类型，还可以是一个待模仿或仿真的样例。一个好的模型应包括那些有广泛影响的主要元素，忽略那些与抽象水平不相关的次要元素，如：在对房屋进行建模中应包括房屋材料、构造结构等主要元素，忽略那些房屋中应摆放什么样的家具等次要元素。每个系统都可以从不同的方面用不同的模型来描述，如：在建筑、机械设计中就有会用正视、侧视等视图来表示事物的效果，这正如中国一句古诗所说"横看成岭侧成峰"。另外，模型不一定是可视化的，模型也可以用文字来描述，比如用文字描述车间里一个产品的生产流程，但是可视化模型可以更准确地展示模型所代表的含义。

2．建模的目的和原则

我们为什么要建模？其主要理由是通过建模能够更好地理解我们正在开发的系统。在开发系统的时候，建模可以帮助我们沟通设计思想，理解业务内容，以及处理流程，澄清复杂的问题和场景，确保所设计的系统在实现之前能更符合用户需求。按照这种模式来思考，我们会在没有规划之前就开工建

造一栋大厦吗？建造狗窝也许不需要详细的规划和设计，但想要建造好一栋大厦，不把大厦建成像狗窝一样，就需要事先仔细设计一番了。当我们使用一套好的设计图纸，并严格依照图纸施工，所建造的大厦才能经得起时间的检验。而且，越是复杂、庞大的系统，就越需要通过事先的建模来设计与规划。因为人们对复杂问题的理解能力是非常有限的，只有通过建模来帮助人们理解复杂的问题，每次只研究复杂系统的一个方面，即先把待解决的难题分解成一系列的小问题，解决了这些小问题也就解决了这个难题。

什么样的模型才是合乎要求的呢？如果所建的模型对我们的工作没有多大的帮助，或者对我们的工作反而有误导作用，这样的模型建立出来没有什么作用。因此，建模时要有明确的目的性，不要为了建模而建模，也不要事事都建模。当我们专注于建模并希望它产生效力时，就需要先分析从建模中是否能获得收益，或者说值不值得建模。事实上我们发现，项目越简单，建模发挥的功效就越小。一般来说，通过建模，要达到以下 4 个目的。

（1）模型帮助我们按照实际情况对系统进行可视化。

（2）模型允许我们详细说明系统。

（3）模型给出了一个指导我们构造系统的模板。

（4）模型对我们做出的决策进行模板化。

建模并不是一个刚刚冒出来的新鲜事物，事实上，在各种传统的工程科学领域都有丰富的

建模历史，这些经验形成了建模的一些基本原则，有以下几点。

（1）要仔细地选择模型。

创建什么样的模型对解决问题有着重大的影响。正确的模型将清晰地阐明所要开发的系统，而错误的或是有偏差的模型将误导我们把精力放在不相关的问题上。

（2）每一种模型可以在不同的精度级别上表示所要开发的系统。

举个例子来说，修建一栋大厦，有时我们需要使用 3D 软件制作大厦的整体视觉图，供投资者参考；有时需要制作一份详细的电气施工图，供大厦的施工员铺设电线、光纤。由此可以看到，在项目开发中，不同的角色其视角不同，对模型的侧重方面和详细程度则有不同的要求，如：系统的使用者主要考虑"能做什么"的问题，而系统的开发人员则更多考虑的是"如何做"的问题，这两类人就需要从不同角度以不同的精度级别对系统进行可视化建模。

（3）模型要与实际相联系。

一个模型如果脱离了实际，显然这不是一个好的模型。因此，我们要注意一点，虽然模型对现实进行了简化，但不能简化掉任何重要细节，也不能改变或歪曲任何重要细节。

（4）对一个重要的系统用一组几乎独立的模型去处理。

对于复杂的或者是重要的系统，只用单个模型来描述往往是不够充分的，这时需要用多种模型对系统分别进行研究和描述，以加深我们对系统的理解。

3．使用 UML 建模

前面讲述了在工程领域里建模的重要性，那么，我们该如何建模呢？先来看看其他的领域：在音乐领域，有五线谱，供作曲家和演奏家交流；在数学领域，有各种各样的数学公式和表示方法，供数学家、教师、学生交流学习。同样，在工程领域，也有一种可以提供给工程设计人员使用的公共语言：UML。UML 的中文意思是统一建模语言（Unified Modeling Language），它是一种通用的可视化建模语言。UML 具有灵活，表达能力强的特点。有了建模语言，就方便我们对各种工程进行描述、分析和交流。针对本书而言，论述的是如何使用 UML 在软件工程方面建模，所以下面将简单的介绍一下有关 UML 的知识，关于软件工程，将在下一节中进行论述。

1.1.2 UML 简介

1．UML 历史

要了解 UML，就有必要从它的源头开始。20 世纪 80 年代末，出现了许多面向对象的软件建模技术，这些技术是由不同的专家学者发明的，也使用了不同的建模技术和模型表示法。但是，采用面向对象分析与设计方法的用户，并不一定了解各种建模技术、语言之间的差异，因此很难把握为其所开发的应用系统选择合适的建模语言。直到 20 世纪 90 年代中期，有 3 种面向对象建模方法逐渐占据了统治地位，分别是 Jim Rumbaugh 的对象建模技术（OMT）、Ivar Jacobson 的面向对象软件工程方法（OOSE）和 Grady Booch 的 Booch 方法。1994 年，Rational 公司聘请了 Rumbaugh 参加 Booch 的工作。两人合并了 OMT 和 Booch 方法中的概念与方法，并于 1995 年提出了第一个建议方案。同年，Jacobson 也加入了 Rational 公司，三位最优秀的面向对象方法学的创始人终于聚在了一起，他们共同的研究成果就是统一建模语言（UML）。1997年，Rational 公司正式将 UML 1.0 版作为标准草案提交给独立标准化组织 OMG（Object Management Group，对象管理组织）并获得通过。此后，OMG 承担了进一步完善 UML 标准的工作，并先后推出了 UML 的多个版本。

有了若干年使用 UML 的经验之后，OMG 提出了升级 UML 的建议方案，以修正使用中发现的问题，并扩充一部分应用领域中所需的额外功能。建议方案自 2000 年 11 月开始起草，至2003 年 7 月完成。之后，UML 2.0 规范被全体 OMG 会员采纳并正式发布。总的来说，UML 2.0和 UML 1.0 大部分是相同的，尤其是核心特征。

2. UML 简述

统一建模语言 UML（Unified Modeling Language）是一种通用的可视化建模语言，用于对软件系统进行描述、可视化处理、构造和建立系统的工作文档。它记录了与被设计系统有关的决策和分析，可用于对系统的分析、设计、浏览、配置、维护以及控制。UML 包括语义概念、表示法和指导规范，提供了静态、动态、系统环境和组织结构等类型的模型。UML 能够捕捉系统静态结构和动态行为的信息。静态结构定义了系统中重要对象的属性和操作，以及这些对象之间的关系。动态行为定义了对象随时间变化的历史和对象为完成目标而进行的相互通信。UML 能从不同的角度对系统进行建模，因此可以全方位的帮助用户了解和分析系统。

UML 体系由 3 个部分组成：UML 基本构造块、UML 规则和 UML 公共机制。只有当我们掌握了这些内容，才能够读懂 UML 模型，并且能根据应用系统要求构建相应的系统模型。

（1）UML 基本构造块。

UML 有 3 种基本构造块，分别是事物、关系和图。事物包括结构事物、行为事物、分组事物、注释事物 4 种。关系包括依赖关系、关联关系、泛化关系、实现关系 4 种。图包括类图、对象图、用例图、顺序图、协作图、状态图、活动图、组件图、部署图 9 种。关于事物、关系和图这 3 种构造块及其各自的组成部分，本书稍后将会详细地描述。

（2）UML 规则。

一个结构良好的模型在语义上应该是前后一致的，并且与所有的相关模型协调一致。因此，我们不能简单地把 UML 构造块随机摆放在一起堆砌成一个模型。UML 通过定义一套规则来告诉我们如何使用 UML 构造块搭建出一个结构良好的模型。UML 有用于描述如下事物的语义规则："命名"、"范围"、"可见性"、"完整性"、"执行"等。

（3）UML 公共机制。

公共机制是指达到特定目标的公共方法，在 UML 中有多种贯穿整个语言的公共机制，主要包括：规格说明、修饰、通用划分和扩展机制。UML 规格说明提供了对构造块的语法和语义上的描述，如：对类的注释。修饰是对 UML 元素特性进行描述的符号，也就是说可以通过这些修饰进一步表达元素信息，如图 1.1.1 中的类图中，类中的属性与方法之前加上各种表示其可访问性的修饰，其中"+"表示该属性或方法为公有类型。通用划分是对 UML 元素按其功能与作用进行划分，目前 UML 包括两组公共分类——类与对象，类表示概念的抽象，而对象表示具体的事物；接口与实现，接口是用来定义契约，实现则是对契约的具体实现。扩展机制是对UML元素的扩展，包括约束、构造类型和标记值。约束可以扩展UML元素的语义，允许增加新的规则或修改现的规则；构造类型扩展了UML的词汇，它允许创建新的构造块；标记值则是扩展UML构造块的特性，允许创建新的特殊信息来扩展事件的规格说明。

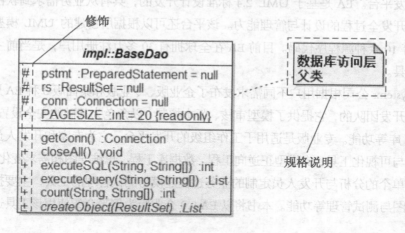

修饰

impl::BaseDao

#	pstmt :PreparedStatement = null
#	rs :ResultSet = null
#	conn :Connection = null
#	PAGESIZE :int = 20 {readOnly}

+	getConn() :Connection
+	closeAll() :void
+	executeSQL(String, String[]) :int
+	executeQuery(String, String[]) :List
+	count(String, String[]) :int
+	createObject(ResultSet) :List

数据库访问层父类

规格说明

图 1.1.1

  在应用中，我们不必了解或掌握 UML 中的每项特征，就像我们不需要知道或使用大型项目中的每项功能一样。通常被广泛使用的只有核心概念这一小部分，其他的特征可以逐步学习，在需要的时候再使用。UML 合并了许多面向对象方法中被普遍接受的概念，对每一种概念，UML 都给出了清晰的定义、表示法和相关术语。这样，一个开发者用 UML 绘制模型，而另外一个开发者可以无歧义地解释这个模型。

  UML 本质上不是一门编程语言。但是，人们可使用代码生成器将 UML 模型转换为多种程序语言的程序代码，或使用反向生成工具将代码还原成 UML 模型。UML 也不是一种用于定理证明的高度形式化的语言。UML 本质上只是一种通用的建模语言。

3．UML 的应用领域

  UML 的目标是以面向对象的方式来描述任何类型的系统，其中最常用的是建立软件系统模型。UML 的设计初衷是支持面向对象系统建模，以及基于构件的开发。但是，在 UML 的设计中也考虑了其他需求，今天，通过使用 UML 内置的扩展和用户定制能力，UML 同样也可以用来描述非软件领域的系统，如机械系统、企业机构或业务过程，以及处理复杂数据的信息系统、具有实时要求的工业系统或工业过程等。总之，UML 是一个通用的标准建模语言，可以对任何具有静态结构和动态行为的系统进行建模。

  UML 适用于系统开发过程中从需求规格描述到系统完成测试后的不同阶段。例如，在需求分析阶段，可以用用例来描述客户的需求；在设计阶段，可以用 UML 动态模型来描述对象与对象之间的关系；在测试阶段，UML 模型还可以作为测试的依据。

1.1.3　建模工具 Enterprise Architect

Enterprise Architect（注：以下简称为 EA）是由澳大利亚 Sparx Systems 公司设计开发的一套软件辅助开发平台。EA 是基于 UML 2.4 标准设计开发的，具有从业务需求到软件设计，直至部署的软件开发全过程的设计与管理能力。该平台还可以根据所创建的 UML 模型生成 Java、C#、C++等 10 余种源程序代码。目前 EA 在全球拥有 30 多万注册用户，是当前主流的软件建模与管理工具。

Sparx Systems 公司根据用户不同需求发布了企业版、专业版和桌面版 3 种 EA 版本。企业版是针对大型开发团队的，它提供了模型审核、版本控制、以角色为基础的安全设置、思维导图、选择 DBMS 库等功能。专业版是适用于工作组级的开发平台，它为专家和开发人员提供了功能强大的建模与可视化工具，支模型正逆向工程、数据库工程、思维导图和需求变化跟踪等功能。桌面版是为单个的分析与开发人员定制的业务过程建模与测试管理的工具，主要提供了业务建模、思维导图与测试管理等功能。本书将以 EA 9.0 企业版为例来介绍使用该工具进行系统建模的方法。

1. 启动 EA

启动 EA 9.0 后，进入到主界面，首先弹出如图 1.1.2 所示的对话框，在该对话框中可以创建、打开项目工程。

图 1.1.2

进入到 EA 工作界面后，该界面是由标题栏、菜单栏、工具栏、工作区和状态栏组成，如图 1.1.3 所示。工作区的右侧是树形视图和属性区，每选中树形视图的某个对象，文档区就会显示其对应的文档名称与内容；左侧是编辑区，在该区中可以打开模型中的任意一张图，并可利用工具栏对图进行修改。

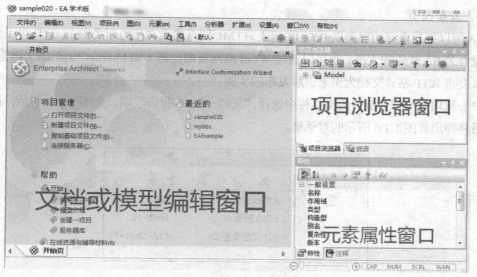

图 1.1.3

2．创建模型

使用 EA 创建软件模型工程有两种方法：一种是在启动 EA 时使用启动对话框来创建项目工程；另一种方法则是采用选择主菜单"文件→新建项目…"项的方法来创建。在创建项目工程时，首先要求输入新建的项目工程文件，EA 的项目工程文件是以".eap"为后缀名的，接着系统要求选择创建模型的类型。目前有"Basic UML 2 Technology（基本的 UML 模型）"、"Core Extensions（核心扩展）"、"Entity Relationship Diagram（实体关系图）"等 5 种类型，如图 1.1.4 所示。如果所创建的项目工程只是用于软件建模，则可以选择"Basic UML 2 Technology"，并在该技术类型中选择建模时需要使用到的具体的模型，如：用例图、域模型、类、组件图和部署图。

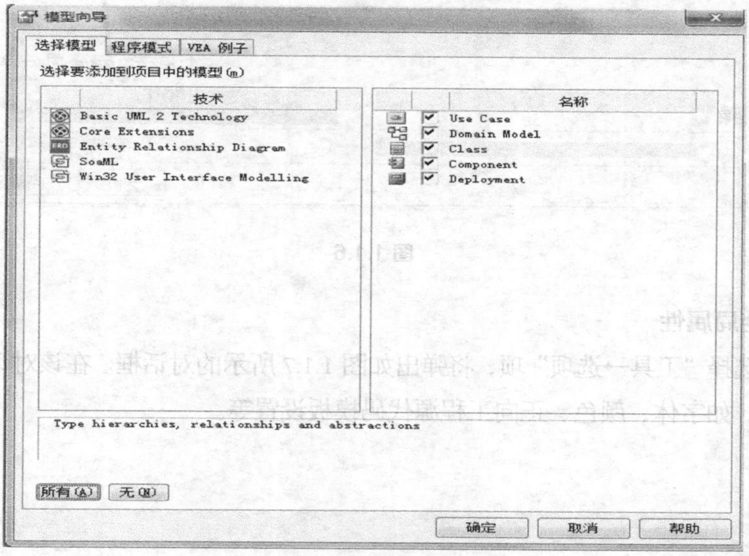

图 1.1.4

3．发布模型

EA 可以把建立好的模型以 RTF 文档或 HTML 网页格式文档的形式发布，这样可以让其他即使没有装 EA 软件的人员，也可以通过 Word 或网页浏览器（如 Internet Explorer）浏览模型。下面以发布 RTF 格式文档为例来讲解发布的步骤。

（1）从项目浏览器窗口的工具栏中选择"文档→RTF 报告"项，如图 1.1.5 所示，选该菜单之后将弹出如图 1.1.6 所示的对话框。

图 1.1.5

（2）在弹出的对话框中输入发布后文档的文件名以及文档生成模板，如图 1.1.6 所示。

（3）设置完毕，单击"运行"按钮，即可进行模型发布。

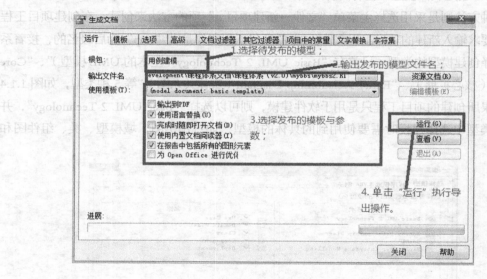

图 1.1.6

4．设置全局属性

从菜单栏选择"工具→选项"项，将弹出如图 1.1.7 所示的对话框。在该对话框里可以设置一些全局属性，如字体、颜色、正向工程源代码模板设置等。

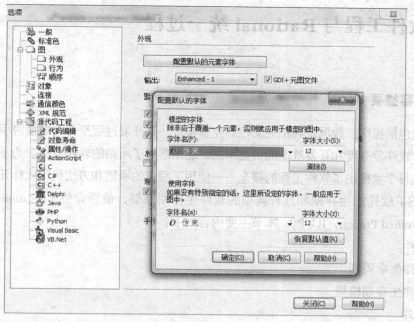

图 1.1.7

 小结

本节我们主要学习了以下知识。

1. 建模

（1）模型的概念。

模型是对现实的简化。它可以是一个对象的微缩表示，或是一种用于生产某事物的模式，也可以是一种设计或一个类型，还可以是一个待模仿或仿真的样例。

（2）建模的目的和原则。

建模是为了能够更好地理解我们正在开发的系统。

建模的原则包括：①要仔细地选择模型；②每一种模型可以在不同的精度级别上表示所要开发的系统；③模型要与现实相联系；④对一个重要的系统用一组几乎独立的模型去处理。

2. UML 概述

统一建模语言是一种通用的可视化建模语言，用于对软件进行描述、可视化处理、构造和建立软件系统的工作文档。UML 的组成部分包括：UML 基本构造块、UML 规则和 UML 公共机制。

3. UML 建模工具 EA 的使用方法

1.2　软件工程与 Rational 统一过程

 内容提要

软件是包括程序、数据及其相关文档的完整集合，其开发过程至今尚未摆脱手工艺的开发方式，随着软件复杂度和开发难度的日益增加，逐渐形成了所谓的软件危机。为了解决软件危机，计算机科学家提出了软件工程的概念——使用工程化的原则和方法组织软件开发工作。本节重点介绍了软件的生存期和几种典型的软件生存期模型，最后介绍了 Rational 统一过程（Rational Unified Process，RUP）。本节主要内容如下：

- 软件
- 软件生命周期
- 软件生存期模型
- RUP

1.2.1　软件

在了解软件工程之前，我们首先需要知道什么是软件。一些人认为，软件就是程序，就是代码，这是一种片面的理解。软件一词最早是 20 世纪 60 年代初从海外传来的，当时很多人都无法给出确切的含义。现在普遍认可的定义是：软件是计算机系统中与硬件相互依存的另一部分，它是包括程序、数据及其相关文档的完整集合。其中，程序是按照事先设计的功能和性能要求执行的指令序列，数据是使得程序能够适当地操作信息的数据结构，文档是描述程序的开发、操作和维护的文字或图形资料。

要理解软件的概念，需要先了解软件的特征，这样就能够理解软件与其他事物之间的区别了。软件是一种逻辑实体，而不是具体的物理实体，因此，它具有与硬件完全不同的特征。

1．软件是被设计开发的，而不是被制造的

虽然软件开发和硬件制造之间有一些相似之处，例如都可以通过良好的设计得到高质量的产品，但两类活动存在本质上的不同。软件的开发过程中没有明显的制造过程，因此，硬件在制造过程中可以进行质量控制，而这种情况对软件而言几乎是不存在的。如果要对软件进行质量控制，就必须在软件开发和测试方面下工夫。另外，就软件集中开发的特点而言，软件项目也不能像制造类项目那样管理。

2．软件不会"磨损"，但会"退化"

硬件在运行和使用期间，会有机器磨损、老化等问题。如：硬件在其生命初期有较高的故障率，这些故障主要是设计或制造的缺陷；在中期，随着缺陷的修正，故障率会维持在一个较低的水平上；到了后期，故障率又提升了，这是因为硬件已经进入了"磨损期"。而软件的情况不同，它不存在磨损和老化问题，但存在着退化问题。在软件的生存期中，会经历多次修改或维护，使它能够适应软硬环境的变化以及用户的新要求，但每次修改都可能会引入新的错误，这样一次次修改，导致软件故障率提高，从而使软件退化。

另外，当一个硬件零件磨损的时候，可以用另外一个来替换，但软件就没有备用零件可换。每一个软件故障都表明了设计或者是编码中存在着错误。因此，软件维护比硬件维护复杂得多。

3．软件的开发至今尚未摆脱手工艺的开发方式

考虑这样一个案例：硬件设计工程师设计一个简单的数字电路图，其中的每一个集成电路都有一个零件编号，都有统一的制造工艺标准。每选定一个零件，我们都可以在货架上很方便地买到。硬件设计工程师可以专注于设计中的创新部分，而集成电路等零件是已经标准化的部件，可以不断复用，不需要硬件设计工程师再重新设计。类似的，一个软件设计师设计一个简单的应用系统，它包含多个子系统，我们可以把子系统想象成硬件世界中的"零件"，但这些"零件"不是标准化的工业产品，也不能在任何的货架上买到。因此，软件设计师完成了这个简单的应用系统的设计工作之后，还必须花额外的工夫去一一实现每个子系统。

在硬件世界，部件复用是工程过程的自然的一部分，但在软件世界，一切才刚刚起步。近年来，软件技术虽然提出了许多新的开发方法，例如复用技术、自动生成技术，但在整个软件项目中采用的比例仍然比较低。大多数软件是根据客户需求定做的，而不是利用现成的部件组装成所需要的软件。由于在软件开发过程中，手工艺开发方式占主流，所以开发的效率自然比较低。

4．软件是复杂的

软件的研制工作必须要投入大量的高强度的脑力劳动，所以有人认为，人类创造的最复杂的产物是计算机软件。软件的复杂性可能来自它所反映的实际问题的复杂性，例如，它所反映的自然规律或是人类社会的各种活动，都具有一定的复杂性；另一方面，软件的复杂性也可能来自程序逻辑结构的复杂性，例如，一个系统软件要能处理各种可能出现的情况。软件开发常常涉及其他领域的专门知识，这对软件人员提出了很高的要求。现阶段，软件技术的发展落后于复杂的软件需求，这确实是个很现实的问题。

以上讨论的是软件的特征。那么软件究竟有哪些类型呢？在某种程度上我们难以给出一个通用的分类，但鉴于不同类型的工程对象，对其进行开发和维护有不同的处理方法，因此对软件的类型仍需进行必要的划分。下面依照软件的不同功能对软件进行了划分，需要注意的是，划分的方式不是唯一的，从不同的角度出发，可以做出不同的软件划分方式。

（1）系统软件。

是指能与计算机硬件紧密结合在一起，使计算机系统各个部件、相关软件和数据协调高效地工作的软件，如操作系统软件、数据库管理软件、通信处理软件等。

（2）支撑软件。

是指协助用户开发软件的工具性软件，包括帮助程序员开发软件产品的工具，也包括帮助管理人员控制开发的进程的工具，如 Java 开发工具 Eclipse 等。

（3）应用软件。

是指在特定领域内开发，为特定目的服务的一类软件。应用软件的种类非常繁多，如计算机辅助设计制造软件、系统仿真软件、人工智能软件、办公自动化软件、计算机辅助教学软件等。

1.2.2 软件危机

早期的程序开发者只是为了满足自己的需要，这种自给自足的生产方式是软件开发低阶段的表现。随着计算机硬件技术的进步，生产硬件的成本降低了，这使得对软件有了更高的要求，所以出现了一些复杂的、大型的软件项目。但是，软件技术的发展落后于软件复杂的需求，随着问题的日积月累，在 20 世纪六七十年代逐渐形成了所谓的软件危机。软件开发中出现的问题归结如下。

（1）软件开发无计划性，进度的执行和实际情况有很大差距。

（2）软件需求分析阶段工作做得不充分，前期问题不及时解决，造成后期矛盾的集中暴露。

（3）软件开发过程中没有统一的规范指导，参与软件开发的人员各行其事。

（4）软件产品无评测手段。

1.2.3 软件工程

从上述体现软件危机的现象中可以看出，摆脱危机不是一件简单的事情。我们如何开发软件，如何维护大量已有的软件，以及开发速度，如何跟上对软件越来越多的需求等，确实是一大堆苦恼的问题。经过许多计算机软件科学家的实践和总结，得出一个结论：使用工程化的理论和方法组织软件开发工作能有效地解决这些问题，也是摆脱软件危机的一个主要出路。这就引出了软件工程的概念。软件工程是指：将系统化的、严格约束的、可量化的方法应用于软件的开发、运行和维护，即将工程化应用于软件开发。

如果不考虑应用领域、项目规模和复杂性，与软件工程相关的工作一般可分为 3 个阶段。

（1）定义阶段。该阶段关注于"做什么"。软件开发人员在该阶段需要弄清楚要处理什么信息，完成什么样的功能，达到什么样的性能，希望出现什么样的系统行为，建立什么样的界面，有什么设计约束，以及实现一个成功系统的验收标准是什么。

（2）开发阶段。该阶段关注于"如何做"。软件开发人员需要进行如下工作：数据如何被结构化，功能如何被实现于软件体系结构中，界面如何表示，设计如何被翻译成程序设计语言，测试如何进行。

（3）支持阶段。该阶段关注于"变化"。在已有软件的基础上，软件开发人员需要纠正软件中可能存在的错误，为适应外部环境的变化而修改软件，为扩展原来的功能需求而增强和升级软件。

如同任何事物一样，软件也有一个孕育、诞生、成长、成熟、衰落、死亡的生存过程，这个过程称为软件生存期。根据这一思想，将上述 3 个阶段的活动进一步展开，就得到了软件生存期的 6 个步骤。

（1）计划。确定要开发软件系统的总目标。由系统分析员和客户人员合作，进行该软件项目的可行性研究，探讨解决问题的可能方案，对开发成本、开发收益、开发进度做出估计，最后制订出详细的软件开发实施计划。

（2）需求分析和定义。对客户提出的需求进行详细的分析。系统分析员和客户人员共同商讨哪些需求是可以满足的，并对其进行准确的描述，最后编写出项目需求说明书。

（3）软件设计（详细设计）。在设计阶段，系统分析员和软件设计人员一起把已经确定了的各个需求转换成相应的体系结构。结构中的每一组成部分都是意义明确的模块，每个模块和某些需求相对应。该阶段的成果物是设计说明书，该说明书对每个模块进行了详细的描述。

（4）编码。软件设计人员和程序员一起将软件设计转换成程序代码。该阶段的成果物是程序清单。

（5）软件测试。软件测试人员设计各种测试用例来检验软件。测试是保证软件质量的重要手段。该阶段的成果物是测试用例书、测试数据和测试结果。

（6）运行和维护。已交付的软件投入正式使用后，就进入维护阶段。软件在运行过程中可能由于多方面的原因，需要对它进行修改。维护的工作可能包括：在软件的运行过程中发现了错误需要修正，给软件做适当变更以适应变化了的软件工作环境。

为了更直观地反映软件生存期内各种活动如何组织、实施，往往需要用软件生存期模型来给出直观的表达。软件生存期模型是从软件项目需求定义直至软件废弃为止，跨越整个生存期的系统开发、运作和维护所实施的全部过程、活动和任务的结构框图。到目前为止，已经提出了多种软件生存期模型，下面只简要地介绍两种。

（1）瀑布模型。该模型规定了计划、需求分析、设计、编码、测试、维护这 6 个步骤自上而下、相互衔接的固定次序，如同瀑布流水，逐级下落，如图 1.2.1 所示。

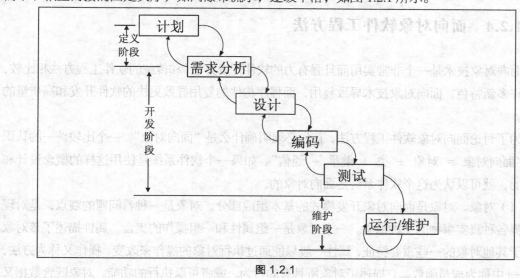

图 1.2.1

瀑布模型中每一项开发活动有如下的特征：每一项活动的输出（工作成果）都是下一项的输入（除了"运行/维护"活动），在输出的时候要对该项活动实施的工作进行评估，若其工作得到确认则继续进行下一项活动（见图 1.2.1 中向下指的箭头），若工作不能通过评估，则返回前一项目，甚至更前项的活动进行返工（见图 1.2.1 中向上指的箭头）。

瀑布模型的缺陷是缺乏灵活性，特别是无法解决软件需求不明确或不准确的问题。

（2）原型实现模型。考虑这样的情况，客户定义了软件的一般性目标，但不能标识出详细的输入/输出及处理要求，或者软件开发人员不能确定算法的有效性或人机交互的形式，但是往往开发人员对软件的认识不够清晰，因此项目无法做到一次开发成功，这使得返工成为必然。在这种情况下，可以考虑用原型实现模型方式来开发软件项目。第一次的开发只是试验开发，其目的在于探索可行性，弄清软件需求。第一次得到的试验性产品称为"原型"。以"原型"为基础，再进行第二次、第三次的开发，逐步调整原型使其满足客户的要求，同时也使得软件开发人员对该软件的实现方法有更深入的理解。这是一个不断完善"原型"，不断迭代的过程，直到最后得到一个客户满意的模型为止，如图 1.2.2 所示。

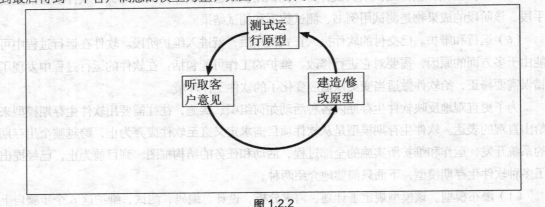

图 1.2.2

1.2.4　面向对象软件工程方法

面向对象技术是一个非常实用而且强有力的软件开发方法，和传统的软件工程方法相比较，它有许多新特色。面向对象技术导致复用，而程序构件的复用导致更快的软件开发和高质量的程序。

为了讨论面向对象软件工程方法，首先必须明确什么是"面向对象"。一个比较统一的认识是："面向对象 = 对象 + 类 + 继承 + 通信"。如果一个软件系统是使用这样的概念设计和实现的，就可以认为这个软件系统是面向对象的。

（1）对象。对象是面向对象开发模式的基本组成部分。对象是一种看问题的观点，是对现实世界各种真实事物的一种抽象。一个对象是一组属性和一组操作的集合。属性描述了该对象区别于其他对象的一些重要特征，属性一般只能通过执行对象的操作来改变。操作又称为方法，在 C++ 中称为成员函数，它描述了对象所具有的行为，或者可以执行的功能。对象既含数据又含处理数据的功能，因此，对象被认为是迄今最接近真实事物的数据抽象。

（2）类。类是具有相同属性、相同操作的一组对象的集合的抽象描述。类的定义包括一组数据属性和在数据上的一组合法操作。类定义可以视为一个具有类似特征与共同行为的模板，用来产生对象，因此，每个对象都是类的实例。

（3）继承。继承是使用已存在的定义作为基础建立新定义的技术。一个子类 X 继承父类 Y 的所有属性和操作，这意味着，所有原本针对 Y 设计和实现的数据结构和算法对 X 是立即可用的，不需要进行进一步的工作。

（4）通信。一个对象和另一个对象之间，通过消息来进行通信。消息是一个对象发出的让另一个对象做某个动作的请求。当一个对象收到发给自己的消息的时候，则调用消息中指定的操作。对消息的处理可能会改变对象的状态。可以认为，消息的传递大致等价于面向过程方法中的函数调用。

下面简要地介绍面向对象的应用开发过程。

（1）分析阶段。在分析中，需要找到特定对象，根据对象的公共特征把它们组成集合，直到最后能够标识出对这个问题的一个抽象为止。另外，还要标识出应用系统的结构中对象之间的联系。

（2）高层设计。在这一阶段，应该设计应用的顶层视图，这相当于开发一个表示系统的类的界面。

（3）类的开发。应用设计阶段基本上是类的开发，一个应用可以抽象成用一个类表示，也可以分成几个类。这一阶段将标识对各个类的要求，并给出类的定义。

（4）实例化。建立类的实例——对象，这些对象对应于在分析阶段所标识的实体。另外，还需要建立实例之间的通信通道，实现对象与对象之间的联系。在这一阶段，所有的问题都要得到最终的解决。

（5）组装测试。首先进行类的测试，类的封装特性使得能在单个类中调试一个代码过程，而不会影响其他的类。随后把系统组装成一个完整的应用来进行测试。

（6）应用的维护。应用的维护包括在系统的操作中定位故障，在现有的系统中加入新的行为等。

1.2.5 Rational 统一过程

Rational 统一过程（Rational Unified Process RUP）是一种软件工程过程。RUP 吸收了许多开发模型的优点，具有很好的可操作性和实用性，一经推出，就迅速得到业界的广泛认可。

RUP 有一个著名的二维结构图，如图 1.2.3 所示，该图显示了全部 RUP 的构架。

（1）水平轴代表时间，显示了过程的生命周期，包括初始（Inception）、细化（Elaboration）、构造（Construction）、移交（Transition）4 个阶段。

（2）竖直轴代表核心过程工作流，包括业务模型（Business Modeling）、需求（Tequirements）、分析和设计（Analysis&Design）、实现（Implementation）、测试（Test）、实施（Deployment）、配

置和变更管理（Configuration &Change Management）、项目管理（Project Management）、环境（Environment）。

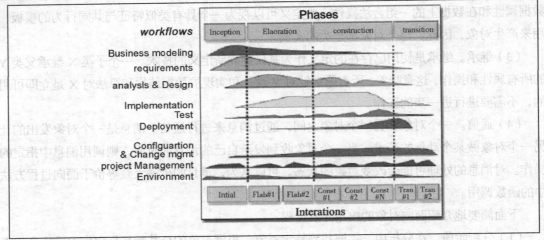

图 1.2.3

在前面我们已经提到过关于软件危机的一些内容。随着软件产业的快速发展，在软件开发过程中暴露出的问题也越来越多。人们经过多年来的实践和探索，总结出了软件开发过程中一些优秀的方法（实践活动），这些方法已经被证明能够较好地解决软件开发过程中的根本问题。RUP 之所以广泛流行，原因是它将这些最佳软件开发方法以一种适当的形式结合起来。下面将介绍这些优秀的方法，以及它们是如何在 RUP 中得到贯彻执行的。

（1）迭代的开发软件。迭代方法是 RUP 推荐的方法。RUP 的每个阶段可分为一到多个迭代周期。软件迭代开发是一个连续的发现、创造和实现的过程。每一个迭代过程，都是一个完整的开发循环，产生一个可执行的产品版本，该产品可能是一个阶段性的产品，如果这次迭代过程是最后一次开发过程，则该产品就是最终产品。迭代开发的好处在于它能够尽早地发现需求、设计和实现中的不一致，能够尽早地发现遗留问题并快速地解决，能够在整个项目生命周期中更加平均地分配开发组的工作量。图 1.2.4 演示了在 RUP 中的软件迭代开发过程。

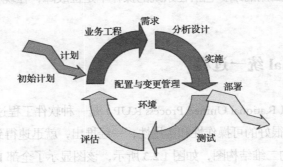

图 1.2.4

（2）需求管理。需求管理的难点在于需求的动态性：需求在整个软件的生命周期中是不断变化的。软件开发人员在开始开发系统之前不可能完全地说清楚一个系统的真正需求，除非这个系统非常简单。动态需求管理主要包括：提取系统的功能和约束，并写成文档；估计需求的变化并评估需求变化所产生的影响；详细记录根据需求变化所做出的每一项决定。

（3）应用基于构件的构架。狭义来说，软件构件是指可复用的、提供明确接口完成特定功能的程序代码块。软件构件是软件、模块、包或子系统的一个重要部分。我们可以把构件想象成硬件系统里的一个个"零件"。构件可以独立开发（需求分析、设计、编码、测试）、部署和发布。构件是一个高内聚的软件包，通过接口对外交互，屏蔽了内部实现细节，它可通过独立开发封装为符合业界认可的模型标准的二进制代码。

构架描述了某个物体的多个部分如何集成为一个整体。如：一架飞机有一个构架；我们这本书也有一个构架。

基于构件的开发是一种非常重要的软件构架方法。构件使重用成为可能。基于构件的系统由3部分组成：已存在的部件，现成的由第三方提供的部件和标识此特殊领域的新部件。在这3部分中，只有最后一个部分需要软件开发人员去开发设计。如果结合迭代开发软件的实践，那么随着系统需求的不断细化或变化，使用基于构件的构架也在不断演变。每个迭代过程都产生一个可执行的构架，开发人员和客户可以以系统需求为标准度量，测试此构架。这种方法能够使开发小组不断地发现问题和解决问题。

RUP提供了一个设计、开发、验证构架的系统性的方法。它还提供了一个模板，用以描述建立在多重构架视图概念基础上的构架。

（4）建立可视化模型。建立模型是因为我们无法完全清晰地理解一个复杂的模型。可视化建模可以帮助开发人员将一个系统的结构和行为可视化、具体化，并以文档的形式记录下来。一个项目组中的各个组成人员可以利用建好的模型清晰地无二义地与其他人员交流他们的想法。

RUP很大部分是在开发过程中开发和维护系统模型，它可以指导我们如何有效地使用UML建模，包括告诉我们需要什么样的模型，为什么需要这些模型和如何建造这些模型。

（5）不断地验证软件质量。在完成软件实施后再去查找BUG并修正，要比在早期就进行这项工作花费更多的费用。因此，当迭代地开发软件时，在每次迭代过程中都进行细致的测试是非常必要的。

RUP非常重视验证和客观评价产品是否达到了预期的质量水平，测试工作贯穿整个软件开发生命周期中：我们可以测试早期系统原型的主要功能；也可以测试构架的稳定性和性能；还可以测试最终产品。

（6）配置管理和变更管理。在开发生命周期中会产生很多有用的制品。在迭代开发过程中，这些制品一次一次地进化和更新。项目组必须跟踪产品的进化，捕获并管理对于变更的请求，然后通过一些方式实现变更。

迭代开发软件密集型系统时，面临的巨大挑战是必须安排不同组的开发人员同时工作于多个迭代过程、发布版本、产品和平台中。如果没有严格的软件变更控制，开发就会陷入混乱之中。

RUP 是如何表述的呢？RUP 包含了 4 种重要的模型元素。

（1）工作人员。工作人员定义了个人或作为群组一起工作的人们的行为和职责。在软件开发过程中，常见的工作人员有：系统分析员、设计师、测试师等。需要注意的是，不要把工作人员当成软件开发过程中的某一个具体的人，而应该当成某一类角色，每类角色有相同行为并担当相同的职责。

（2）活动。活动定义了工作人员可以执行的工作。每个活动都被分配给特定的工作人员。

（3）制品。制品是项目中有形的产品。工作人员把制品当做执行一项活动的输入，同时这个活动的输出也是制品。模型、文档、源代码、可执行文件等都可以被认为是软件开发过程中的制品。

（4）工作流。工作流用来描述有重要意义的活动序列，并表示出工作人员之间的相互作用。在 UML 术语中，一个工作流可以表示为协作图、顺序图或活动图。

 小结

本节我们主要学习了以下知识。

1. 软件

软件是计算机系统中与硬件相互依存的另一部分，它是包括程序、数据及其相关文档的完整集合。

软件的主要特点有：①软件是被开发或设计的，而不是被制造的；②软件不会"磨损"，但会"退化"；③软件的开发至今尚未摆脱手工艺的开发方式；④软件是复杂的。

2. 软件工程

因为软件危机的出现，人们才开始用工程化的思想来管理软件开发。软件工程是指：将系统化的、严格约束的、可量化的方法应用于软件的开发、运行和维护，即将工程化应用于软件。在软件工程这一部分里，我们重点讲述了软件生命周期和软件生存期模型。软件生存期的 6 个步骤是：①计划；②需求分析和定义；③软件设计（详细设计）；④编码；⑤软件测试；⑥维护。常见的软件生存期模型有瀑布模型和原型实现模型等。因为 UML 最早是为了描述面向对象建模方法而出现的，所以我们也介绍了面向对象软件工程方法。

3. RUP

RUP 综合了许多最佳的现代软件开发方法（实践），这些方法有：①迭代的开发软件；②需求管理；③应用基于构件的构架；④建立可视化模型；⑤不断地验证软件质量；⑥配置管理和变更管理。

1.3 UML 基本组成

 内容提要

UML 中有 3 种基本构造块，分别是事物、关系和图。事物包括结构事物、行为事物、分组事物、注释事物 4 种。关系包括依赖关系、关联关系、泛化关系、实现关系 4 种。图包括类图、对象图、用例图、顺序图、协作图、状态图、活动图、组件图、部署图 9 种。本节将对这些内容一一描述，并举出适当的例子，以加深读者的理解。本节主要内容如下：

- UML 事物
- UML 关系
- UML 图

1.3.1 UML 事物

事物是对模型中最有代表性的成分的抽象。UML 中有 4 种事物。

1. 结构事物

结构事物（structural thing）常指软件模型的静态部分，描述概念或物理元素。UML 中的结构事物有以下几种。

（1）类（class）。类是具有相同属性和操作的一组对象集合的抽象描述。在图形上，类用一个矩形来表示，通常矩形中写有类的名称、类的属性和类的操作。图 1.3.1 表示图书管理系统中的读者类。

（2）组件（component）。组件是系统中物理的、可替代的部件，是用于描述一些逻辑元素（如类、接口）的物理包。在图形上，组件由一个带有小方框的矩形表示。通常在矩形中只写该组件的名字。图 1.3.2 表示读者组件。

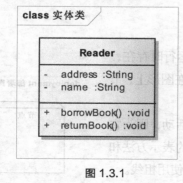

图 1.3.1

图 1.3.2

（3）接口（interface）。接口是描述了类或组件的服务操作集，或者说，接口描述了类或组件对外的、可见的动作。类可以实现一个或多个接口。在图形上，接口用一个带有名称的圆表示。接口很少单独存在，而是依附于实现接口的类或组件。图 1.3.3 在 UML 中表示一个接口。

（4）协作（collaboration）。协作是一组类、接口和其他元素的群体，它们共同工作，提供比各组成部分的功能总和更强的合作行为。与组件不同，协作不能拥有自己的结构事物，而只能引用其他地方定义的类、接口、组件、节点等结构事物，即协作是系统体系结构中的概念组块而不是物理组块。在图形上，协作用一个包含名称的虚线椭圆表示。图 1.3.4 表示登录合作行为的协作。

manage
book

图 1.3.3

图 1.3.4

（5）用例（use case）。用例是对一组序列动作的描述，系统执行这些动作将对用例的角色（actor，有些书翻译成"参与者"，本书以下均简称为"角色"）产生可以观察的结果。在图形上，用例用实线的椭圆表示，角色用一个人形的图案表示。举例来说，在一个图书管理系统中，考虑读者这一角色可以有什么样的动作行为。读者可以借书，也可以还书。那么我们可以用例图的方式将这组动作描述出来，如图 1.3.5 所示。我们可以看到，用例描述了读者可以干什么（借书），但不会详细解释借书这个流程是怎么实现的。

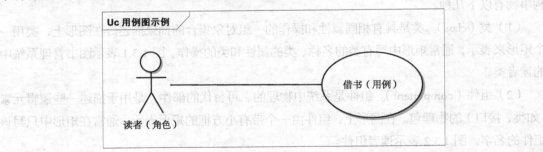

图 1.3.5

（6）节点（node）。节点是一个物理元素，它在运行时存在，代表一个可计算的资源，比如说一台数据库服务器。在图形上，节点用一个立方体来表示，如图 1.3.6 所示。

（7）主动类（active class）。主动类能够启动控制活动，因为它的对象至少拥有一个进程或线程。在图形上，主动类的表示方法和普通类相似，也是使用一个矩形，只是最外面的边框使用粗线。

2. 行为事物

结构事物描述的是模型的静态部分，而行为事物（behavioral

图 1.3.6

thing）描述的是模型的动态部分。UML 有两类主要的行为事物。

（1）交互（interaction）。对象都不是孤立存在的，它们之间通过传递消息进行交互。在图形上，交互的消息通常用带箭头的直线表示。如图 1.3.7 所示，表示的是学生对象选修"数据结构"课程的行为。

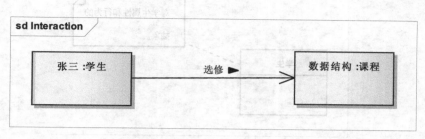

图 1.3.7

（2）状态机（state machine）。一个状态机是一个行为，它说明对象在它的生命周期中响应时间所经历的状态序列以及它们对那些事件的响应。状态是指在对象的生命周期中满足某些条件、执行某些活动或等待某些事件时的一个条件或状况。一个事件的到来，能够触发一个状态的转换。举例来说，将一台空调看成一个对象，该对象可能有 3 种状态：空闲、强风制冷、活动（维持温度不变）。能够触发状态改变的事件有以下几种。

① 打开空调事件：空调则从空闲状态转变到强风制冷状态。

② 室内温度降低到空调预先指定的制冷温度事件：当室内温度降低到空调预先指定的制冷温度时候，空调的状态由强风制冷状态转移到活动状态。

③ 关闭空调事件：此时空调有可能处于强风制冷状态，也有可能处于活动状态，但响应完该事件之后，空调处于空闲状态。

上述的状态和触发事件就构成了一个描述空调工作流程的状态机。

在 UML 中，可以用状态图来描述状态机。关于状态图的内容，在后面将有更详尽的描述。

3．分组事物

分组事物（grouping thing）是 UML 模型中负责分组的部分，可以把它看作一个个的盒子，每个盒子里面的对象关系复杂，而盒子与盒子之间的关系相对简单。最主要的分组事物是包。

包（package）是把元素组织成组的机制。结构事物、行为事物甚至其他的分组事物都可以放进包内。包与组件的区别在于，包纯粹是一种概念上的东西，仅在开发过程中存在，而组件是一种物理的元素，存在于系统运行和维护时期。在图形上，包用一个在左上角带有一个小矩形的大矩形表示，如图 1.3.8 所示。

4．注释事物

注释事物（annotational thing）是 UML 模型的解释部分。这些注释事物用来描述、说明和标注模型的任何元素。

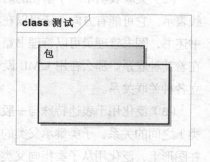

图 1.3.8

有一种主要的注释事物，称为注释（note）。在图形上，注释用一个右上角是折角的矩形表示，如图 1.3.9 所示，使用注释对学生类进行说明。

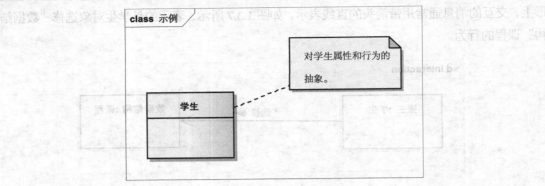

图 1.3.9

1.3.2　UML 关系

UML 中关系（relationship）包括 4 种：依赖（dependency）、关联（association）、泛化（generalization）和实现（realization）。

（1）依赖是两个事物间的语义关系，其中一个事物（独立事物）发生变化，将会影响另一个事物（依赖事物）的语义。在图形上，把一个依赖关系绘成一条带箭头的虚线，还可以在其上进行标记。举例来说，在生活中我们可以通过换频道来挑选自己喜欢的电视节目看。可以这样理解，当频道发生改变时，电视机将会播放不同的电视节目，因此电视机也会跟着发生变化。如果我们定义了一个电视机类和一个频道类，则电视机类是依赖于频道类的，它们的关系如图 1.3.10 所示。

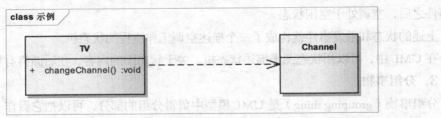

图 1.3.10

（2）关联表明了一个事物的对象与另一个事物的对象间的关系。在图形上，关联用一条实线表示，它可能有方向，还可以在其上进行标记。例如，在图书馆管理中读者可以去图书馆借书还书，图书管理员可以管理书籍也可以管理读者的信息，显然在读者、书籍、管理员之间存在着某种联系。那么在用 UML 设计类图的时候，就可以在读者、书籍、管理员 3 个类之间建立各种关联关系。

（3）泛化用于表达特殊与一般的关系，是一般事物（父类）和该事物较为特殊的种类（子类）之间的关系，子类继承父类的属性和操作，除此之外，子类通常还添加新的属性和操作。在图形上，泛化用从子类指向父类的空心三角形箭头表示，多个泛化关系可以用箭头线表示的树形来表示，每个分支指向一个子类。举例来说，书籍可能包括很多种，可以分为计算机书籍、医学书籍、法律书籍等。如果我们定义了一个书籍类，把它作为父类，则它的子类可以是计算机书籍类、医学书籍类、法律书籍类等。计算机书籍类、医学书籍类或法律书籍类和书籍类之间就是一种泛化关系。图 1.3.11 描述了这种关系。

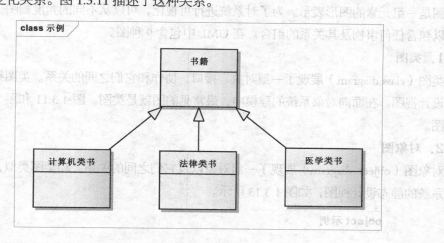

图 1.3.11

（4）实现关系将一种模型元素（如类）与另一种模型元素（如接口）连接起来，其中接口只是行为的定义而不是结构或实现，也就是说，关系中的一个模型元素只具有行为的定义，而行为的具体实现，则是由另一个模型元素来给出。在两个地方要遇到实现关系：一种是在接口和实现它们的类或组件之间，另一种是在用例和实现它们的协作之间。在图形上，实现关系用一个带空心三角形箭头的虚线表示。例如，"推拉门"（类）、"卷闸门"、"防盗门"等各种门都有"门"（接口）的"开、关"行为，但这两种动作在具体操作时又各不相同，如"推拉门"的打开动作是用一个推力从外向里打开门，而"卷闸门"的打开门则是由下而上来开门，这就是实现关系，如图 1.3.12 所示。

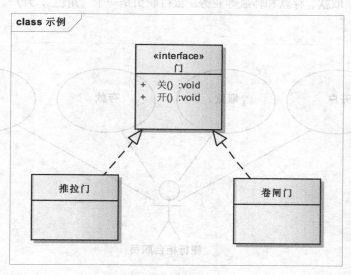

图 1.3.12

1.3.3 UML 图

图是一组元素的图形表示。为了对系统进行可视化，可以从不同的角度画图。在理论上，图可以包含任何事物及其关系的组合。在 UML 中包含 9 种图。

1．类图

类图（class diagram）展现了一组对象、接口、协作和它们之间的关系。类图给出了系统的静态设计视图。在面向对象系统的建模中，最常见的图就是类图。图 1.3.11 和图 1.3.12 所示都是类图。

2．对象图

对象图（object diagram）展现了一组对象以及它们之间的关系。和类图类似，对象图也给出了系统的静态设计视图，如图 1.3.13 所示。

图 1.3.13

3．用例图

用例图（use case diagram）展示了一组用例、角色以及它们之间的关系。用例图给出了系统的静态用例视图。图 1.3.14 所示就是一个用例图，它描述的是：在一个银行系统中，柜台职员可以完成开户、取款、存款和转账等业务。银行职员是一个"角色"，开户、取款、存款和转账是 4 个"用例"。

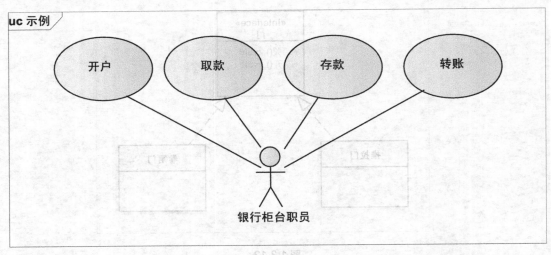

图 1.3.14

4. 顺序图

顺序图（sequence diagram）是一种强调消息时间顺序的交互图。交互图（interaction diagram）是指：它展现了一种交互，由一组对象和它们之间的关系组成，包括它们之间可能发送的消息。交互图是描述系统的动态视图。图 1.3.15 表示一个顺序图的例子，该图描述了用户和自动取款机之间的交互过程。

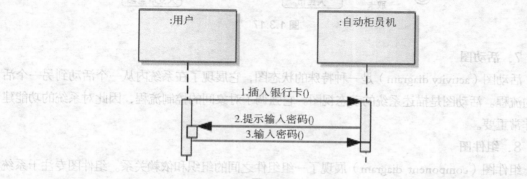

图 1.3.15

5. 协作图

协作图（collaboration diagram）也是一种交互图，它强调收发消息的对象的组织结构。因为协作图和顺序图在结构上是相同的，所以它们是可以互相转换的。图 1.3.16 表示一个协作图的例子。该图描述了在期末时对学生进行总体评价的流程：教务人员输入学生学号到学生学期评价模块，该模块会查询相应学生的所有成绩和奖惩情况，然后汇总作出整体评价返回给教务人员。

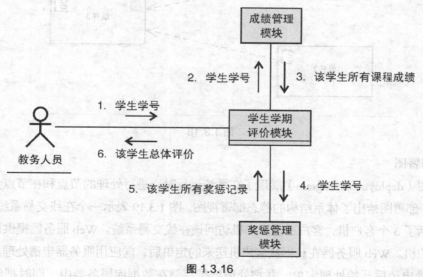

图 1.3.16

6. 状态图

状态图（statechart diagram）展现了一个状态机，它由状态、转换、事件和活动组成。状态图是描述系统的动态视图。状态图对于接口、类或协作的行为建模非常重要。图 1.3.17 所示就是一个状态图。该图描述了在用户取款的整个流程中，ATM 机的状态转换过程。该状态图和真实情况相比，做了适当简化。

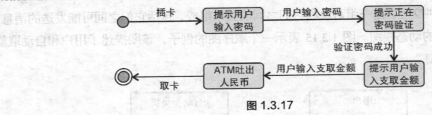

图 1.3.17

7．活动图

活动图（activity diagram）是一种特殊的状态图，它展现了在系统内从一个活动到另一个活动的流程。活动图是描述系统的动态视图。它强调了对象间的控制流程，因此对系统的功能建模非常重要。

8．组件图

组件图（component diagram）展现了一组组件之间的组织和依赖关系。组件图专注于系统的静态实现图。它与类图是息息相关的，通常情况下，组件被映射成一个或多个类、接口或协作。图 1.3.18 所示就是一个组件图。图中有 3 个组件，组件 1 与组件 2 和组件 3 存在着依赖关系。

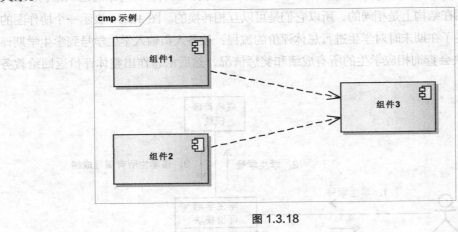

图 1.3.18

9．部署图

部署图（deployment diagram）展现了在系统运行时，进行处理的节点和在节点上活动的组件的配置。部署图给出了体系结构的静态部署视图。图 1.3.19 表示一个在线交易系统的部署图。该图中包括了 3 个客户机，客户通过客户机访问该在线交易系统。Web 服务器提供最新的商品信息给客户机。Web 服务器在获得从客户机送来的定单后，向应用服务器申请处理定单，应用服务器接受申请后开始处理定单，并把处理结果存储在数据库服务器中，同时把结果反馈给 Web 服务器。

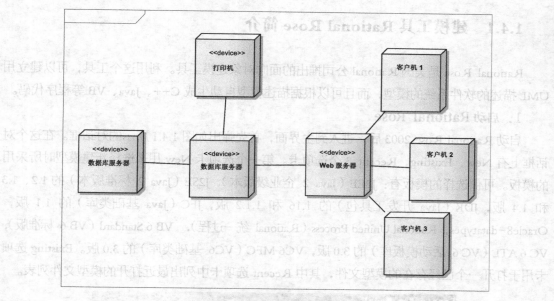

图 1.3.19

在进行软件系统开发的时候，通常情况下，我们利用类图和组件图推断软件的结构，利用顺序图、协作图、状态图和活动图来详述软件的行为，利用部署图来讨论软件执行所需的处理器和设备的物理拓扑结构（包括网络布局和组件在网络上的位置）。

 小结

本节我们讲述了 UML 的基本组成。UML 有 3 种基本构造块，分别是事物、关系和图。事物包括结构事物、行为事物、分组事物、注释事物 4 种。关系包括依赖关系、关联关系、泛化关系、实现关系 4 种。图包括类图、对象图、用况图、顺序图、协作图、状态图、活动图、组件图、部署图 9 种。对每一种基本构造块我们都进行了概念上的介绍，并举出一些例子加以具体的说明。关于图，将在后面的章节中进行重点论述。

1.4 扩展阅读——Rational Rose 工具简介

内容提要

Rational Rose 是当前主流的软件建模工具，它是由美国 Rational 公司开发的一套基于 UML 2.0 标准的建模工具。本节主要内容如下。

● Rational Rose 使用方法

1.4.1　建模工具 Rational Rose 简介

Rational Rose 是美国 Rational 公司推出的面向对象建模工具。利用这个工具，可以建立用 UML 描述的软件系统的模型，而且可以根据描述模型自动生成 C++、Java、VB 等程序代码。

1．启动 Rational Rose

启动 Rational Rose 2003 后，进入到主界面，首先弹出如图 1.4.1 所示的对话框。在这个对话框上有 New、Existing、Recent 3 个选项卡。第一个选项卡 New 用来选择新建模型时所采用的模板。可供选择的模板有：J2EE（Java 2 企业级版本），J2SE（Java 2 标准版本）的 1.2、1.3 和 1.4 版，JDK（Java 开发工具包）的 1.16 和 1.1.2 版，JFC（Java 基础类库）的 1.1 版，Oracle8-datatypes，Rational Unified Process（Rational 统一过程），VB 6 Standard（VB 6 标准版），VC 6 ATL（VC 6 活动模板库）的 3.0 版，VC6 MFC（VC6 基础类库）的 3.0 版。Existing 选项卡用于打开一个已经存在的模型文件，其中 Recent 选项卡中列出最近打开的模型文件列表。

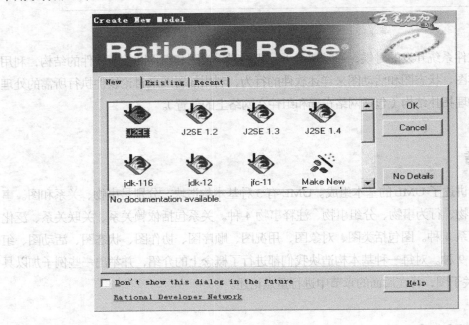

图 1.4.1

我们暂时不需要任何模板，只需要新建一个空白的模型，直接单击"Cancel"按钮，出现了默认的 Rational Rose 的主界面。它由标题栏、菜单栏、工具栏、工作区和状态栏组成，如图 1.4.2 所示。工作区分成 3 个部分：左边是树形视图和文档区，左边上面部分是树形视图，左边下面部分是文档区，每选中树形视图的某个对象，文档区就会显示其对应的文档名称；中间是编辑区，在该区中可以打开模型中的任意一张图，并可利用工具栏对图进行修改；中间下方是动作记录区，记录了对模型所做的动作。

树形视图　文档区　　　动作记录区　　编辑区

图 1.4.2

2．创建模型

Rose 模型文件的扩展名是.mdl，可通过以下步骤新建一个模型。

（1）从菜单栏选择"File→New"项。

（2）弹出如图 1.4.1 所示的对话框，选择要使用的模板（如 J2EE、J2SE），单击"OK"按钮，则 Rose 自动装载这个模板的默认包、类和组件；或者不选择模板，单击"Cancel"按钮，则创建一个不使用默认模板的空模型，用户需要从头开始对系统建模。

3．发布模型

Rose 可以把建立好的模型以 HTML 网页的形式发布，这样可以让其他即使没有装 Rose 软件的人员，也可以通过网页浏览器（如 Internet Explorer）浏览该模型。发布的步骤如下。

（1）从菜单栏选择"Tools→Web Publisher"项，将弹出如图 1.4.3 所示的对话框。

（2）在弹出的对话框里选择要发布的模型视图和包，设定发布的细节内容。

（3）在黑线框标记处填写要发布的 HTML 文件的名字和存放路径。

（4）单击"Publish"按钮进行发布。

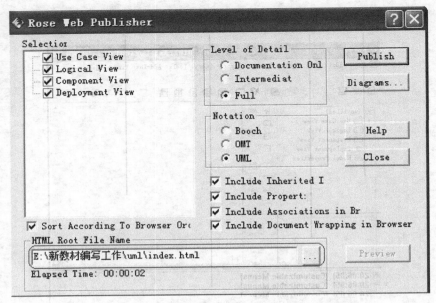

图 1.4.3

4．设置全局属性

从菜单栏选择"Tools→Options"项，将弹出如图 1.4.4 所示的对话框。在该对话框里可以设置一些全局属性，如字体、颜色等。

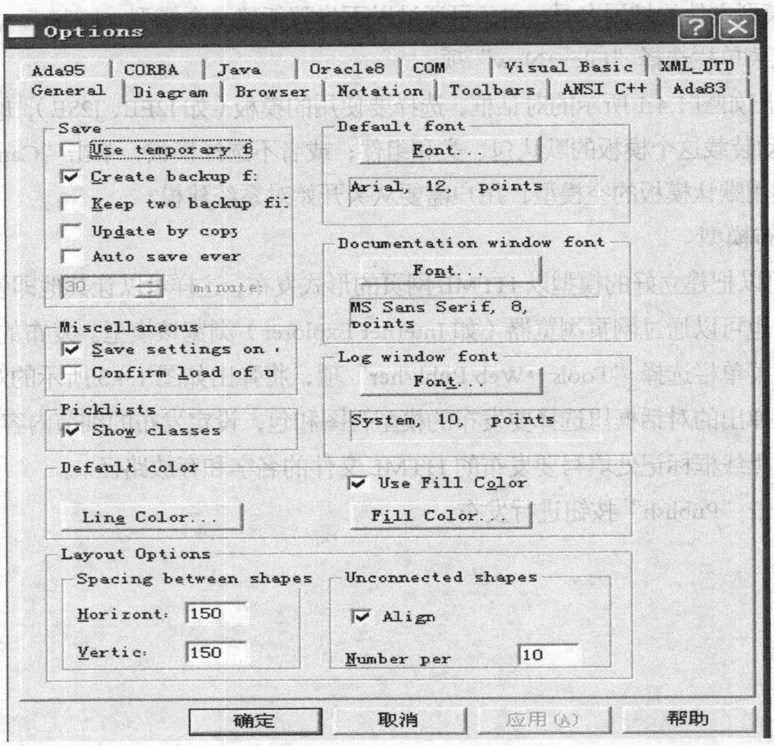

图 1.4.4

作业

1.选择题

（1）以下关于模型的说法，错误的是（　　）。

A. 模型是对现实的简化

B. 模型必须是可视化的

C. 一个好的模型包括那些有广泛影响的主要元素，而忽略那些与给定的抽象水平不相关的次要元素

D. 通过建模，可以帮助人们理解复杂的问题

（2）以下（　　）不是 UML 事物。

A. 结构事物　　　B. 行为事物　　　C. 分组事物　　　D. 机制事物

（3）在进行（　　）相关领域的应用开发时，不推荐使用 UML 建模。

A. 数值计算　　　B. 工业系统　　　C. 信息系统　　　D. 软件系统

（4）以下（　　），不是软件开发过程中可以尽量避免或可以着力改进的问题。

A. 软件开发无计划性，进度的执行和实际情况有很大差距

B. 软件需求分析阶段工作做得不充分

C. 软件开发过程中没有统一的规范指导，参与软件开发的人员各行其事

D. 软件的开发过程中，必须投入大量的高强度的脑力劳动

（5）以下（　　）不属于软件的生存期。

A. 计划　　　　　B. 编码　　　　　C. 测试　　　　　D. 升级

（6）以下说法错误的是（　　）。

A. 用例既可以描述系统做什么，也可以描述系统是如何被实现的

B. 应该从参与者如何使用系统的角度出发定义用例，而不是从系统自身的角度

C. 基本流描述的是该用例最正常的一种场景，在基本流中系统执行一系列活动步骤来响应参与者提出的服务请求

D. 备选流负责描述用例执行过程中异常的或偶尔发生的一些情况

（7）下图是（　　）。

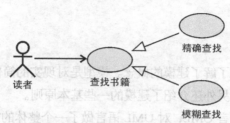

A. 类图　　　　　B. 用例图　　　　　C. 活动图　　　　　D. 状态图

（8）用例图应该画在 Rose 的（　　）视图中。

A. Use Case View　　　　　　　　B. Logic View

C. Component View   D. Deployment View

（9）以下关于模型的说法，错误的是（　　　）。

A. 模型是对现实的简化，虽然模型对现实进行了简化，但不能改变或歪曲任何重要细节

B. 模型可以是一个对象的微缩表示，或是一种用于生产某事物的模式，也可以是一种设计或一个类型，还可以是一个待模仿或仿真的样例

C. 不管项目是简单还是复杂，都应该建造模型描述它

D. 对一个复杂的或是重要的系统，有时需要用多种模型对系统分别进行研究和描述

（10）以下（　　　）不是 UML 的基本关系。

A. 依赖关系　　　B. 泛化关系　　　C. 协作关系　　　D. 实现关系

2. 是非题

（1）只有类能实现接口，组件不能实现接口。（　　　）

（2）结构事物描述的是模型的静态部分，行为事物描述的是模型的动态部分。（　　　）

（3）主要的分组事物是组件和包。（　　　）

（4）用例图展示了一组用例、参与者以及它们之间的关系。它不但描述了系统可以"干什么"，还描述了系统"如何干"。（　　　）

（5）活动图是一种特殊的状态图。（　　　）

（6）顺序图和协作图都是交互图，并且它们是可以互相转换的。（　　　）

3. 什么是软件？软件有什么特点？

4. 什么是软件工程？

5. 什么是软件生命周期？软件生命周期有哪几个步骤？

6. 什么是软件生存期模型？请简述几种常见的软件生存期模型。

7. 什么是面向对象？

8. 什么是 RUP？RUP 综合了哪些最佳的现代软件开发方法（实践）？RUP 包含哪些模型元素？

9. UML 事物有哪些？

10. UML 关系有哪些？

11. UML 图有哪些？其中哪些是静态图？哪些是动态图？

 本项目小结

在本项目中，我们首先了解了建模的概念。模型是对现实的简化。建模是为了能够更好地理解我们正在开发的系统。另外还介绍了建模的一些基本原则。

接着我们讲述了建模语言 UML，对 UML 语言做了一个整体的简单的论述：统一建模语言是一种通用的可视化建模语言，用于对软件进行描述、可视化处理、构造和建立软件系统的工作文档。

因为本书论述的是在软件工程领域的建模，所以接下来我们花了不少的篇幅来介绍软件工程方面的知识。软件工程是指：将系统化的、严格约束的、可量化的方法应用于软件的开发、运行和维护，即将工程化应用于软件。在软件工程这一部分里，我们重点讲述了软件生命周期和软件生存期模型。软件生存期的 6 个步骤是：①计划；②需求分析和定义；③软件设计（详细设计）；④编码；⑤软件测试；⑥维护。常见的软件生存期模型有瀑布模型和原型实现模型等。

鉴于 UML 和 RUP 的紧密关系，以及 RUP 综合了许多最佳的现代软件开发方法（实践），所以我们也有必要讲述 RUP 的基本概念。RUP 所包含的最佳的软件开发方法（实践）有：①迭代地开发软件；②需求管理；③应用基于构件的构架；④建立可视化模型；⑤不断地验证软件质量；⑥配置管理和变更管理。

最后，我们对 UML 的基本组成做了一个全面描述：UML 有 3 种基本构造块，分别是事物、关系和图。事物包括结构事物、行为事物、分组事物、注释事物 4 种。关系包括依赖关系、关联关系、泛化关系、实现关系 4 种。图包括类图、对象图、用况图、顺序图、协作图、状态图、活动图、组件图、部署图 9 种。掌握这些 UML 元素的基本概念，将有助于我们在后续章节中学习如何利用 UML 对系统的各个阶段建模。

 专业术语

Activity Diagram	[æk'tɪvətɪ]['daɪəgræm]	活动图
Analysis	[ə'næləsɪs]	分析
Annotational Thing	[ˌænə'teɪʃnəl][θɪŋ]	注释事物
Association	[əˌsəʊʃɪ'eɪʃn]	关联
Behavioral Thing	[bɪ'heɪvjərəl][θɪŋ]	行为事物
Business Modeling	['bɪznəs]['mɒdlɪŋ]	业务模型
Change Management	[tʃeɪndʒ]['mænɪdʒmənt]	变更管理
Class Diagram	[klɑ:s]['daɪəgræm]	类图
Collaboration Diagram	[kəˌlæbə'reɪʃn]['daɪəgræm]	协作图
Component Diagram	[kəm'pəʊnənt]['daɪəgræm]	组件图
Configuration	[kənˌfɪgə'reɪʃn]	配置
Construction	[kən'strʌkʃn]	构造
Dependency	[dɪ'pendənsi]	依赖
Deployment	[dɪ'plɔɪmənt]	实施 部署

Deployment Diagram	[dɪ'plɔɪmənt] ['daɪəgræm]	部署图
Design	[dɪ'zaɪn]	设计
Elaboration	[ɪˌlæbə'reɪʃn]	细化
Environment	[ɪn'vaɪrənmənt]	环境
Generalization	[ˌdʒenrəlaɪ'zeɪʃn]	泛化
Grouping Thing	[gruːpɪŋ][θɪŋ]	分组事物
Inception	[ɪn'septʃn]	初始
Implementation	[ˌɪmplɪmen'teɪʃn]	实现
Object Diagram	['ɒbdʒɪkt] ['daɪəgræm]	对象图
Object Oriented	['ɒbdʒɪkt] ['ɔːrɪentɪd]	面向对象
Project Management	[prə'dʒekt]['mænɪdʒmənt]	项目管理
Rational Unified Process	['ræʃnəl] ['juːnɪfaɪd] [prə'ses]	Rational 统一过程
Realization	[ˌriːəlaɪ'zeɪʃn]	实现
Relationship	[rɪ'leɪʃnʃɪp]	关系
Requirement	[rɪ'kwaɪəmənt]	需求
Sequence Diagram	['siːkwəns] ['daɪəgræm]	顺序图
Software Engineering	['sɒftwεə][ˌendʒɪ'nɪərɪŋ]	软件工程
Software Life Cycle Model	['sɒftwεə] [laɪf]['saɪkl]['mɒdl]	软件生存期模型
Statechart Diagram	[steɪttʃɑːt] ['daɪəgræm]	状态图
Structural Thing	['strʌktʃərəl][θɪŋ]	结构事物
Test	[test]	测试
Transition	[træn'zɪʃn]	移交
Unified Modeling Language	['juːnɪfaɪd] ['mɒdlɪŋ]['læŋgwɪdʒ]	统一建模语言
Use Case Diagram	[juːs][keɪs] ['daɪəgræm]	用例图

PART 2

项目二
需求建模

本项目目标

用例图是显示一组用例、参与者以及它们之间关系的图。用例图常用来对需求建模。活动图用于展现参与行为的类的活动或动作，它显示了系统中从一个活动到另一个活动的流程。使用活动图来描述用例的活动，有助于对系统的业务建模。本项目的学习目标如下。

- 理解用例图的概念和内容。
- 理解活动图的概念和内容。
- 能够使用用例图和活动图对一个简单的系统进行需求分析。

项目引入

背景

诚信公司随着公司规模的扩大，各员工之间的交流变得越来越困难。为方便公司员工之间的交流，经公司系统分析部研究决定开发一个在线网络论坛系统——"诚信管理论坛系统"。它能为公司员工提供更好的沟通渠道，具有"注册"、"登录"、"显示版块列表"、"显示帖子列表"、"查看帖子"、"发帖"、"回帖"和"登出"等功能。

业务描述

通过对诚信公司的部分员工进行需求收集和整理，决定在本次项目中需要实现的功能如下。

（1）注册（Regist）功能：主要实现新用户注册功能。在本系统中，发帖和回帖时必须要拥有合法的账号才能进行。

（2）登录（Login）功能：主要实现用户使用合法账号登录论坛系统的功能。

（3）显示版块列表（Show Board List）功能：主要实现列出论坛所有预置的版块信息功能。

（4）显示帖子列表（Show Topic List）功能：主要实现指导版块的所有帖子信息以列表的形式列出的功能。

（5）查看帖子（Read Topic）功能：主要实现查看帖子的详细信息，同时显示该帖子的所有回帖信息的功能。

（6）回帖（Reply Topic）功能：主要实现对用户查看的帖子进行回复的功能。

（7）发帖（Post Topic）功能：主要实现在指定版块中发布新帖子的功能。

（8）登出（Logout）功能：主要实现登录用户从诚信管理论坛系统中注销登录的功能。

2.1 用例图

 内容提要

本节主要讲述用例图的相关知识。用例图常用来对需求建模。本节从需求分析讲起，然后分别讲述用例图的各个组成部分：参与者、用例和关系，最后通过一个实际的例子演示如何画用例图。主要内容如下：

- 参与者
- 用例
- 用例与事件流
- 用例之间的关系
- 用例图

大量的研究结果表明，需求问题是引起软件项目的高风险率的最主要原因。需求缺乏、对需求的不正确理解、需求的不完整和需求的变化都是系统开发过程中可能引起失败的主要原因。在软件开发过程中，一个常见的误区是，开发人员都急着进入系统设计阶段或编码实现阶段，而不愿在需求分析阶段多下工夫。但是如果连需求都没弄清楚，还谈什么编码呢？这就像一个建筑师说他必须尽快为建筑添砖加瓦，却还搞不清楚房子面向什么方位，房子的尺寸是多少，房子的内部设施是什么一样。这看起来像是在说一个笑话，但在软件开发过程中是确实存在的。需求说明了客户需要的是什么，没有需求，客户会不断地要求我们修改这里、修改那里。有了需求，我们才有目标，才能根据需求对软件进行测试，才能向客户证明我们已经达到了这个目标。无论如何，我们都不想听到客户抱怨说开发的系统不是他们所想要的，这样的情况会浪费太多的人力和物力。

如何使用 UML 对需求建模呢？一般系统都有几十、几百项需求描述，大的系统甚至包含了上千项需求。理解和掌握这些需求的唯一途径就是将它们组织成若干个可被理解的模块。需求的组织可以按照如功能、地点、平台、性能等多种方式进行。综上所述，我们可以使用用例（use case）作为着手进行需求建模的良好起点。用例按照系统的使用方式组织系统。以用例为起点进行需求建模，可以使我们的关注焦点集中于客户身上，而这一点在系统开发过程中常常被遗忘。

用例图是显示一组用例、参与者以及它们之间关系的图。用例图从用户的角度而不是开发者的角度来描述对软件产品的需求，分析产品所需的功能和动态行为。用例图常用来对需求建模，因此，对整个软件开发过程而言，用例图是至关重要的，它的正确与否直接影响到客户对最终产品的满意度。

用例图包括以下 3 方面的内容。

（1）参与者。

（2）用例。

（3）依赖、泛化和关联关系。

2.1.1 参与者

参与者（actor，有些书翻译成"角色"）是一种特殊的类，是系统外部的一个实体，这个实体可以是任何的人或物，它以某种方式参与了用例的执行过程。参与者对系统而言总是外部的，因此在我们的控制之外。角色在系统的不同组成部分可能扮演不同的角色，例如，正在读书的某研究生同时也担当了助教工作，那么他扮演了两个角色：学生和助教。另外，每一个参与者都必须有简短的描述，从业务角度描述参与者是什么。在图形上，参与者用一个人形的图案表示，如图 2.1.1 所示。

Student

图 2.1.1

在获取用例前首先要确定系统的参与者，可以根据下面的一些问题来寻找系统的参与者。

（1）谁使用系统？

（2）谁安装系统，维护系统？

（3）谁启动系统，关闭系统？

（4）谁从系统中获取信息，谁提供信息给系统？

（5）在系统交互中，谁扮演了什么角色？

（6）系统会与哪些其他系统相关联？

示例 2.1.1 某商业公司为提高货物管理效率，决定开发一套货物管理的软件系统，该系统主要功能辅助销售员、仓库管理员完成商品仓储与销售方面的工作。请根据该系统功能要求找出该系统的角色。

分析：由上述描述可知，使用该系统的有：销售员可以使用该系统完成销售工作，如查询商品信息、库存信息等；仓库管理员可以使用该系统完成商品信息管理、入库、出库等工作；系统管理员则可以启动、停止和维护该系统，因此这个类使用者是系统的角色。

由于货物管理系统需要为财务系统提供商品与进货、销售等信息，这就使得货物管理系统与财务系统之间需要有信息的交互，因此财务系统也是该系统的角色之一。

综合上述分析，该系统至少有 4 种角色：系统管理员、销售员、仓库管理员、财务系统，如图 2.1.2 所示。

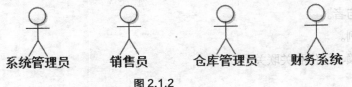

图 2.1.2

<u>示例 2.1.2</u> 汽车租赁管理系统能实现汽车租赁、预约、收款等业务，请找出该系统的角色。

分析：由其系统功能描述可知，使用该系统来完成相应工作的主要有：业务员、车辆检验员（负责管理待租汽车状况）；负责系统维护的管理员；负责费用处理的计费功能需要与财务系统进行交互，因此本系统的角色还有财务系统，如图 2.1.3 所示。

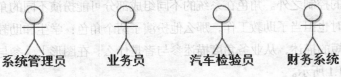

图 2.1.3

<u>练习 2.1.1</u> 在银行中的存款系统主要是帮助储户处理存储资金，计算存款利息等工作，请找出该系统中的角色。

2.1.2 用例

用例是对一组序列动作的描述，系统执行这些动作将对用例的角色产生可以观察的结果。在图形上，用例用实线的椭圆表示，如图 2.1.4 所示。角色和用例分别描述了"谁来做"和"做什么"这两个问题。识别用例的最好办法就是从分析系统的角色开始，考虑每个角色是怎样使用系统。在这个分析过程中，可能会找出一个新的角色，这对完善整个系统的需求建模很有帮助。用例建模的过程就是迭代和逐步求精的过程：从确定用例的名称开始，然后添加用例细节信息，最后完成完整的用例规格说明。

图 2.1.4

那么，如何从系统需求分析中提取出用例呢？可以根据下面的一些问题来识别用例。

（1）角色希望系统提供什么功能。

（2）系统是否存储和检索信息。

（3）当系统改变状态时，是否通知角色。

（4）是否存在影响系统的外部事件，是哪个角色通知系统这些外部事件。

根据需求分析作出用例后，并不是一切就万事大吉了，还需要对用例的正确性进行分析。错误的或描述不清的用例可能会导致错误的需求分析，并把我们的设计实现工作带入歧途。如何判断一个用例是否是一个优秀的用例呢？可以通过下面的测试方法来检验。

（1）用例是否描述了应该做什么，而不是如何做？用例应该描述系统做什么，但不应该描述系统是如何被实现的。

（2）用例的描述是否采取了角色的视点？在确定用例的关键特征时，应该依据角色的视点。也就是说，应该从角色如何使用系统的角度出发定义用例，而不是从系统自身的角度。

（3）用例是否对角色有价值？用例不是动作步骤的任意集合，它必须为角色提供可辨识的价值。

（4）用例描述的时间流是否是一个完整场景？每一个用例必须描述出在一个给定场景下角色将如何使用系统的完整事件流。这有助于避免产生单步用例、部分用例或者功能分解用例。

（5）是否所有的角色、用例都有相应的关联用例或关联角色？每个用例都需要明确地解决角色相关的问题，这个原则对于检查用例的合理性很有用。每个用例都必须至少有一个角色与之相关联，否则就新增加一个角色，或者删除该用例。某些用例间是否有相似性，如果有引入包含关系；某些用例间是否有特殊情况，如果有引入扩展关系。

最后，评价用例的划分是否适当的一个方法是计算用例的数量。识别用例一方面要从系统的功能需要中抽象出用例，同时还要控制用例的数目。用例数目过多则造成用例模型过大，同时设计系统的难度也加大了，用例数目过少则造成用例描述得太粗犷或不充分，不便于进一步分析。

示例 2.1.3 请根据示例 2.1.1 所描述的货物管理系统功能找出系统的用例。

分析：由上述寻找用例使用的方法可知，由角色入手来识别用例，如下所示。

（1）系统管理员角色。

用户管理：对系统用户进行维护。

基础信息管理：对系统基础信息进行维护。

用户权限管理：对用户操作权限进行控制。

（2）仓库管理员角色。

商品信息管理：对商品基本信息管理，如新增商品信息、修改商品信息等。

入库：完成商品入库处理。

出库：完成商品出库处理。

（3）销售员角色。

订单管理：负责订单的创建、修改等处理。

客户管理：负责对公司客户信息管理。

账单管理：根据订单生成账单。

（4）财务系统。

支付管理：完成账单支付管理。

综上所述，该系统应具体的用例如图 2.1.5 所示。

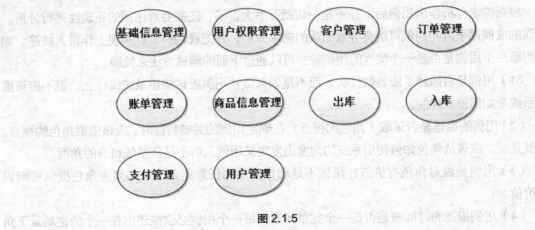

图 2.1.5

示例 2.1.4 请根据示例 2.1.2 中汽车租赁管理系统寻找出的角色与功能的描述，从中识别系统的用例。

分析：根据示例 2.1.2 中对系统功能的描述，以及所找出的角色可知，该系统的用例如下：

（1）系统管理员。

用户管理：对系统用户信息进行维护。

基础信息管理：对系统基础信息管理，如术语、标准等。

用户权限管理：对用户操作权限进行控制。

（2）业务员。

租赁：将汽车租赁给客户。

归还：完成汽车回收处理。

预约：负责处理客户预约处理。

账单管理：租赁业务账单处理。

（3）汽车检验员。

汽车检验管理：负责对入库、出库汽车进行检验。

（4）财务系统。

支付管理：完成账单支付与对帐管理。

由上述分析可知，汽车租赁管理系统应具有的用例如图 2.1.6 所示。

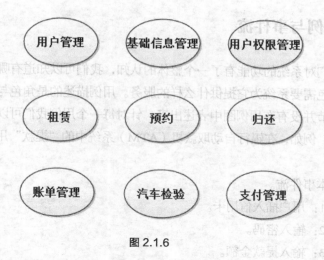

图 2.1.6

练习 2.1.2 从练习 2.1.1 找出的角色入手，识别银行存款系统的用例。

2.1.3 用例图

用例图的主要作用是描述角色和用例之间的关系，简单的系统中只需要有一个用例图就可以把所有的关系都描述清楚，复杂的系统中可以有多个用例图。

如果想要强调某一个角色和多个用例的关系，就可以以该角色为中心，用一个用例图表述出该角色和多个用例之间的关系。在这个用例图中，我们强调的是该角色会使用系统所提供的哪些服务。

图 2.1.7 显示了一个简单的用例图，角色是管理员，可以执行两个用例："图书查询"和"读者查询"。角色与用例之间的实线称为"关联"，用来表示角色与用例之间的交互和通信途径。关联有时候也用带箭头的实线来表示，箭头指向用例，表明发起用例的是角色。

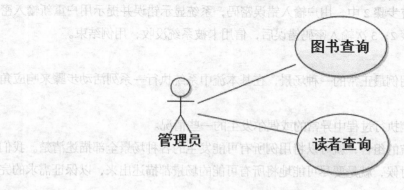

图 2.1.7

2.1.4 用例与事件流

用例图使我们对系统的功能有了一个整体的认知，我们可以知道有哪些角色会与系统发生交互，每一个角色需要系统为它提供什么样的服务。用例描述的是角色与系统之间的对话，但是这个对话的细节并没有在用例图中表述出来，针对每一个用例我们可以用事件流来描述这一对话的细节内容。例如，在银行自动取款机（ATM）系统中的"提款"用例可以用事件流表述如下。

提款——基本事件流。

基本流步骤 1：用户插入信用卡。

基本流步骤 2：输入密码。

基本流步骤 3：输入提款金额。

基本流步骤 4：提取现金。

基本流步骤 5：退出系统，取回信用卡。

但是这只描述了提款用例中最顺利的一种情况，作为一个实用的系统，我们还必须考虑可能发生的各种其他情况，如信用卡无效、输入密码错误、用户帐号中的现金余额不足等，所有这些可能发生的各种情况（包括正常的和异常的）被称之为用例的场景（scenario），场景也被称作是用例的实例（instance）。在用例的各种场景中，最常见的场景是用基本流（basic flow）来描述的，其他的场景则是用备选流（alternative flow）来描述。对于 ATM 系统中的"提款"用例，我们可以得到如下一些备选流。

提款——备选事件流。

备选流一：用户可以在基本流中的任何一步选择退出，转至基本流步骤 5。

备选流二：在基本流步骤 1 中，用户插入无效信用卡，系统显示错误并退出信用卡，用例结束。

备选流三：在基本流步骤 2 中，用户输入错误密码，系统显示错误并提示用户重新输入密码，重新回到基本流步骤 2；3 次输入密码错误后，信用卡被系统没收，用例结束。

……

基本流描述的是该用例最正常的一种场景，在基本流中系统执行一系列活动步骤来响应角色提出的服务请求。

备选流负责描述用例执行过程中异常的或偶尔发生的一些情况。

通过基本流与备选流的组合，就可以将用例所有可能发生的各种场景全部描述清楚。我们在描述用例的事件流的时候，就是要尽可能地将所有可能的场景都描述出来，以保证需求的完备性。

2.1.5 用例之间的关系

用例描述的是系统外部可见的行为。从原则上来讲，用例之间都是并列的，它们之间并不存在着包含从属关系。但是从保证用例模型的可维护性和一致性角度来看，我们可以在用例之间抽象出包含（include）、扩展（extend）和泛化（generalization）这几种关系。这几种关系都是从现有的用例中抽取出公共的那部分信息，然后通后过不同的方法来重用这部分公共信息，以减少模型维护的工作量。

1．泛化关系

当多个用例共同拥有一种类似的结构和行为的时候，我们可以将它们的共性抽象成为父用例，其他的用例作为泛化关系中的子用例。泛化关系在图形上使用带空心箭头的实线表示，箭头由子用例指向父用例。在用例的泛化关系中，子用例是父用例的一种特殊形式，子用例继承了父用例所有的结构、行为和关系，还可以添加自己的行为或覆盖已继承的行为。在实际应用中较少使用泛化关系，子用例中的特殊行为都可以作为父用例中的备选流存在。图 2.1.8 表示用例间的泛化关系。在图书管理系统中，用例"查找书籍"负责在图书馆的数据库中查找符合输入信息的书籍。该用例有两个子用例"精确查找"和"模糊查找"。这两个子用例都继承了父用例的行为，并添加了自己的行为——在查找过程中加入属于自己的查找条件。

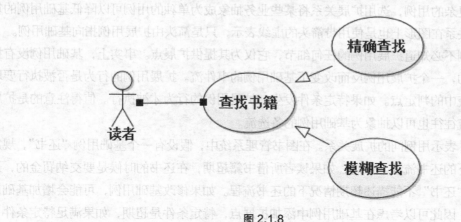

图 2.1.8

2．包含关系

包含是指基础用例（base use case）会用到被包含用例（inclusion），具体地讲，就是将被包含用例的事件流插入到基础用例的事件流中。被包含用例是可重用的用例——多个用例的公共用例。包含关系在图形上使用带箭头的虚线表示，箭头由基础用例指向包含用例。

包含关系是关联关系的一种。包含关系是 UML 1.3 及之后版本中的表述，在 UML 1.1 中，同等语义的关系被表述为使用（use）。图 2.1.9 表示用例间的包含关系。在图书管理系统中，用例"删除书籍"和"修改书籍信息"与用例"查找书籍"之间是一种包含关系。不管是删除书籍还是修改书籍信息，都必须先进行该书籍的查询工作。

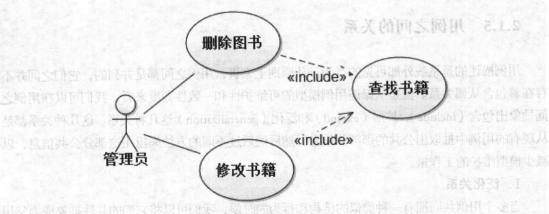

图 2.1.9

有时当某一个用例的事件流过于复杂时，为了简化用例的描述，我们也可以把某一段事件流抽象成为一个被包含的用例。这种情况类似于在过程设计语言中，将程序的某一段算法封装成一个子过程，然后再从主程序中调用这一子过程。

3．扩展

扩展关系也是关联关系的一种。假设基础用例中定义有一至多个已命名的扩展点，扩展关系是指将扩展用例的事件流在一定的条件下按照相应的扩展点插入到基础用例中。如果基础用例是一个很复杂的用例，选用扩展关系将某些业务抽象成为单独的用例可以降低基础用例的复杂性。扩展关系在图形上也是使用带箭头的虚线表示，只是箭头由扩展用例指向基础用例。

基础用例不必知道扩展用例的任何细节，它仅为其提供扩展点。事实上，基础用例没有扩展也是完整的，一个扩展用例反而改变了基础用例的事件流。扩展用例的行为是否被执行要取决于主事件流中的判定点。如果特定条件发生，扩展用例的行为才被执行。值得注意的是扩展用例的事件流往往也可以抽象为基础用例的备选流。

图 2.1.10 表示用例间的扩展关系。在图书管理系统中，假设有一个基础用例"还书"，规定了一般情况下的还书流程。但是，如果读者所借书籍超期，在还书的时候是要交纳罚金的，这时基础用例"还书"不能描述超期情况下的还书流程。如果修改基础用例，可能会增加基础用例的复杂性，因此可以考虑在基础用例中添加扩展点，特定条件是超期，如果满足特定条件，将执行"交纳罚金"这个扩展用例。

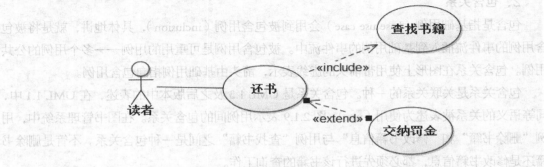

图 2.1.10

包含用例与扩展用例有一些相似，但也存在以下几点显著区别。

（1）相对于基础用例，扩展用例是可选的，而包含用例则不是。

（2）如果缺少扩展用例，基础用例还是完整的，而缺少包含用例，则基础用例就不完整了。

（3）扩展用例的执行需要满足某种条件，而包含用例不需要。

（4）扩展用例的执行会改变基础用例的行为，而包含用例不会。

示例 2.1.5 根据示例 2.1.3 中识别出的用例与角色，分析出用例之间的关系，并绘制用例图。

分析：根据前面所述的用例关系，以及所找出的用例与角色可知。

系统管理员主要是使用的用户管理、基础信息管理和用户权限管理用例，用户管理用例中在创建新用户时可能会为新用户分配权限，因此在用户管理与用户权限管理用例之间存在扩展的关系，如图 2.1.11 所示。

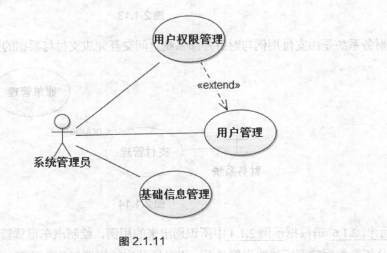

图 2.1.11

销售员主要是使用账单管理用例创建订单，并根据订单生成账单和客户信息管理，如图 2.1.12 所示。

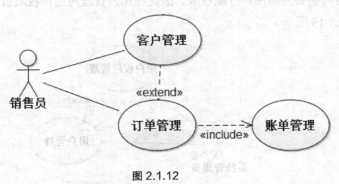

图 2.1.12

仓库管理员主要是使用商品信息管理、入库和出库 3 个用例，在入库时，当有新商品入库时需要用到商品信息管理功能来录入新的商品信息，因此入库与商品信息管理用例之间是扩展关系，同样在出库时，需要根据账单信息来出库，因此在出库中就包含了对订单管理用例，如图 2.1.13 所示。

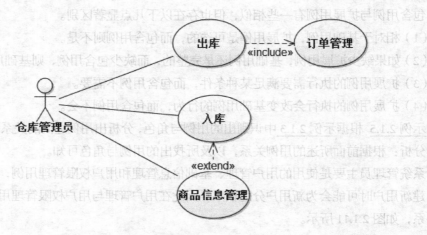

图 2.1.13

财务系统是由支付用例与财务外部系统之间交互完成支付与票据的生成，如图 2.1.14 所示。

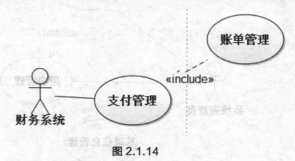

图 2.1.14

示例 2.1.6 请根据示例 2.1.4 中所识别出来的用例，绘制汽车租赁管理系统的用例图。

分析：根据前面所述的用例关系，以及所找出的用例与角色可知。

系统管理员主要是使用的用户管理、基础信息管理和用户权限管理用例，用户管理用例中在创建新用户时可能会为新用户分配权限，因此在用户管理与用户权限管理用例之间存在扩展的关系，如图 2.1.15 所示。

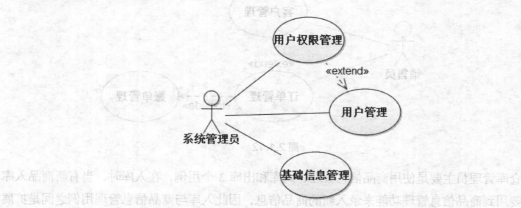

图 2.1.15

业务员主要是执行租赁、预约和归还等业务，因此业务员与这 3 个用例是使用关系。在租赁处理时会产生账单，因此租赁用例包含了账单用例。租赁与归还还需要对汽车进行检验，因此这三者也是包含关系，如图 2.1.16 所示。

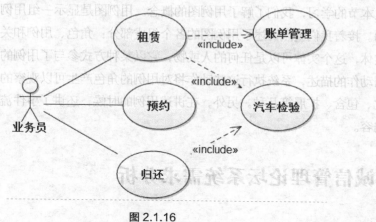

图 2.1.16

汽车检验员主要是负责对汽车使用情况进行评估，当对归还的汽车进行检验时，如有损坏将会修改租赁账单，因此检验员与用例的关系，如图 2.1.17 所示。

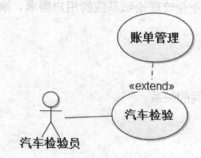

图 2.1.17

财务系统是由支付用例与财务外部系统之间交互完成支付与票据的生成，如图 2.1.18 所示。

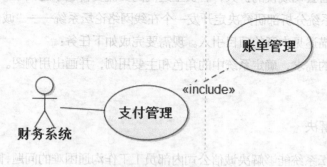

图 2.1.18

<u>练习 2.1.3</u> 在<u>练习 2.1.2</u> 的基础上绘制银行系统用例图。

小结

通过本节的学习，我们了解了用例图的概念。用例图是显示一组用例、角色以及它们之间关系的图。接着我们重点讲述了用例图的各个组成部分：角色、用例和关系。角色是系统外部的一个实体，这个实体可以是任何的人或物，它以某种方式参与了用例的执行过程。用例是对一组序列动作的描述，系统执行这些动作将对用例的角色产生可以观察的结果。用例之间的关系有泛化、包含、扩展等几种。另外，在讲述用例的时候，还讲了事件流，事件流描述了用例的细节内容。

2.2　诚信管理论坛系统需求分析

 内容提要

本节主要通过分析诚信企业管理论坛系统的用户需求，演示如何绘制用例图。主要内容如下：

- 确定角色
- 确定用例
- 确定角色、用例之间的关系
- 绘制用例图

 任务

诚信公司随着公司规模的扩大，各员工之间的交流变得越来越困难。为方便公司员工之间的交流，经公司系统分析部研究决定开发一个在线网络论坛系统——"诚信管理论坛系统"。关于该项目的业务描述见本章的项目引入。现需要完成如下任务：

分析该系统的需求，确定系统中的角色和主要用例，并画出用例图。

 任务解决

诚信管理论坛系统能够解决诚信公司内部员工工作沟通困难的问题，同时具有"查看帖子"、"发帖"、"回帖"和"管理帖子"等功能，因此，凡是有关这些操作的内容都属于系统的范围。通过分析该系统的业务描述，总结出现在系统中的主要活动有如下几点。

（1）注册（Regist）功能。

（2）登录（Login）功能。

（3）显示版块列表（Show Board List）功能。

（4）显示帖子列表（Show Topic List）功能。

（5）查看帖子（Read Topic）功能。

（6）回帖（Reply Topic）功能。

（7）发帖（Post Topic）功能。

（8）登出（Logout）功能。

（9）新增版块（Add Board）功能。

（10）帖子审核（Topic Auditing）功能。

（11）删除帖子（Delete Topic）功能。

在画用例图之前，还需要找出系统的角色和主要的用例。

1．确定系统角色

经过对系统中主要活动的分析，可以看到，严格意义上的角色只有两个：系统管理员和员工。系统管理员负责对整个系统进行管理维护，包括版块管理和帖子管理等功能，而员工则是诚信管理论坛系统的主要使用者，能进行查看版块及帖子相关信息、发帖和回帖等基本论坛操作功能。

2．确定系统用例

一个完整的需求分析，要求找出所有的用例。但在这里，我们只分析诚信管理论坛系统中的最主要的部分。因此，在这个系统中包括如下的用例。

系统管理员用例：

（1）新增版块；

（2）帖子审核；

（3）删除帖子。

普通员工用例：

（1）注册；

（2）登录；

（3）显示版块列表；

（4）显示帖子列表；

（5）显示帖子；

（6）回复帖子；

（7）发布新帖子；

（8）登出。

3．确定角色之间的关系和用例之间的关系

确定角色之间的关系。

通过前面的分析可知系统包括两个角色：管理员和员工。需要明确的是，管理员首先也是公司员工，而且是能对诚信管理论坛系统进行帖子管理和版块管理的特殊员工。所以管理员和员工之间是"is a"的关系，即泛化关系，其中员工是一般角色，系统管理员是特殊角色。

确定用例之间的关系。

由于员工查看帖子后，可以根据需要决定是否回帖，所以显示帖子和回复帖子之间是扩展关系，其中显示帖子是基础用例，回复帖子是扩展用例；另外员工查看帖子后也可以根据需要决定是否发帖，所以显示帖子和发布新帖子之间也是扩展关系，其中显示帖子是基础用例，回复帖子是扩展用例。

4．使用 Enterprise Architect 绘制用例图

根据上面的分析，我们可以开始着手使用 Enterprise Architect 绘制该系统的用例图了。

（1）新建 EA 项目。

启动 Enterprise Architect 后，新建一个项目，指定项目文件的保存路径并为文件取名为"BBS.eap"。在随后弹出的模型向导对话框的右侧不选择任何模型，如图 2.2.1 所示（注意：此处也可以选择"Use Case"，将其添加到项目中，其他 4 种模型可以在项目建模的后期再添加）。

图 2.2.1

然后在项目浏览器窗口中选中模型根节点，单击鼠标右键，在弹出的菜单中选中"重新命名模型…"，如图 2.2.2 所示，重命名模型根节点为"BBSModel"。

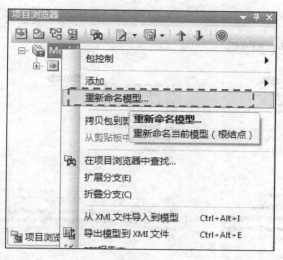

图 2.2.2

选中模型根节点"BBSModel"，单击项目浏览器的工具栏上的"添加包"按钮，如图 2.2.3 所示。在弹出的如图 2.2.4 所示的"创建新视图"窗口中，选择"用例图"，并命名为"用例建模"。

图 2.2.3

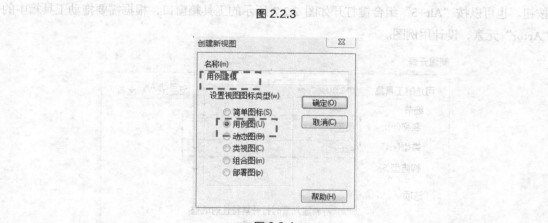

图 2.2.4

接下来，选中项目浏览器窗口中的"用例建模"视图，单击工具栏上的"新建图"按钮，在弹出的如图 2.2.5 所示的"新建图"对话框中，选择"类别"列中的"UML Behavioral"，"图的类型"列中选择"Use Case"，并给新建的用例图命名为"诚信管理论坛用例模型"。

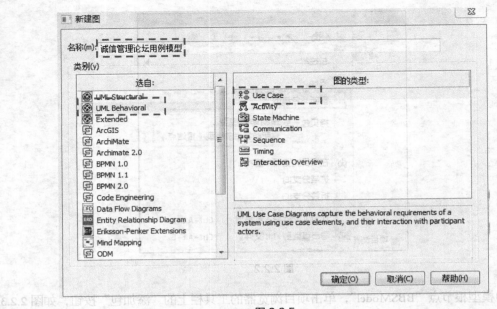

图 2.2.5

这中间出现的是"BBSModel",单击项目浏览器的工具栏上"新建图"按钮,弹出如图 2.2.5 所示,在弹出的如图 2.2.4 所示的"创建新的图表"窗口中,选择"用例图",并命名为"用例模型"。

(2)角色及其关系的绘制。

选中项目浏览器窗口中的"用例建模"视图,单击工具栏上的"新建元素"按钮,弹出如图 2.2.6 所示的"新建元素"对话框,在"可选的工具集"中选择"UML::UseCase","名称"为"员工","类型"选择"Actor",并选择"选项"中的"添加到当前图中",然后单击"创建"按钮。也可以按"Alt+5"组合键打开如图 2.2.7 所示的工具箱窗口,根据需要拖动工具箱中的"Actor"元素,设计用例图。

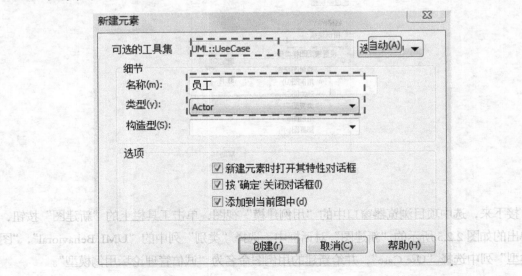

图 2.2.6

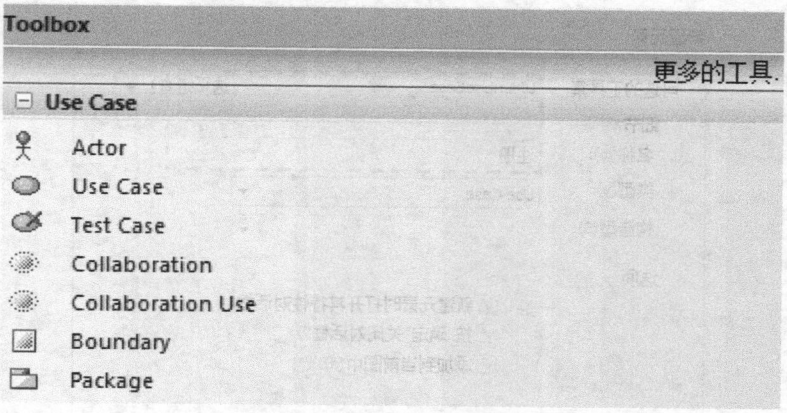

Toolbox

更多的工具.

□ **Use Case**

- 👤 Actor
- ⬭ Use Case
- ✎ Test Case
- Collaboration
- Collaboration Use
- Boundary
- Package

图 2.2.7

之后，会弹出该元素的特性对话框，在特性对话框中可以为角色"员工"添加注释，如"诚信论坛的普通员工"。同样的方法新建角色"管理员"。

绘制好角色后，接下来要绘制管理员和员工之间的泛化关系。在工具箱窗口中选中如图2.2.8所示的"Use Case Relationships"→"Genaralize"关系，再移动鼠标到用例图窗口，当鼠标变为手型标志时拖动鼠标从管理员一端拖向员工一端。如图 2.2.9 所示，绘制好角色及其关系。

□ **Use Case Relationships**

↗ ↗ ↗ ↗ ↗ ↗ ↗ ↗ ↗
↘

Generalize

图 2.2.8

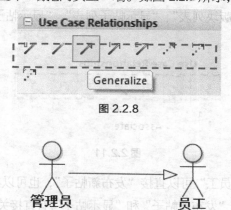

管理员　　　　　　　员工

图 2.2.9

（3）用例及其关系的绘制。

选中项目浏览器窗口中的"用例建模"视图，单击工具栏上的"新建元素"按钮，弹出如图 2.2.10 所示的"新建元素"对话框，在"可选的工具集"中选择"UML::UseCase"，"名称"为"注册"，"类型"选择"Use Case"，并选择"选项"中的"添加到当前图中"，然后单击"创建"按钮。也可以按"Alt+5"组合键打开如图 2.2.7 所示的工具箱窗口，根据需要拖动工具箱中的"Use Case"元素设计用例图。同样的方法设计"登录"、"显示版块列表"、"显示帖子列表"、"显示帖子"、"回复帖子"、"发布新帖子"、"登出"、"新增版块"、"帖子审核"和"删除帖子"用例。

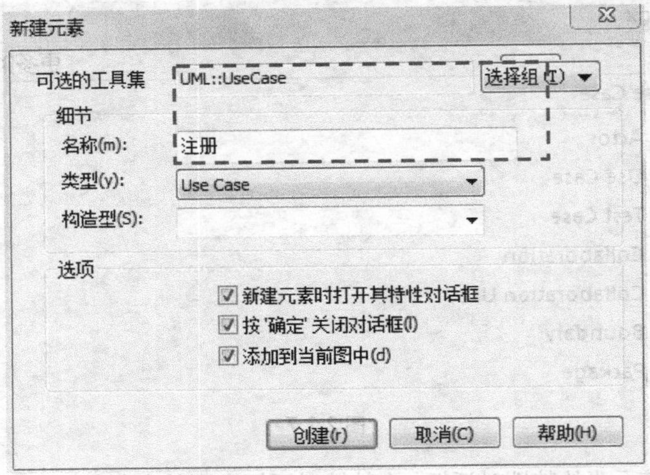

图 2.2.10

绘制好所有角色及用例之后，接下来要将角色与相关用例关联起来，并确定用例之间的关系。如图 2.2.11 所示，在工具箱窗口中选中"Use Case Relationships"→"Associate"关系，拖动鼠标将"管理员"与"新增版块"、"帖子审核"和"删除帖子"用例关联起来，将"员工"与"注册"、"登录"、"显示版块列表"、"显示帖子列表"、"显示帖子"、"发布新帖子"和"登出"用例关联起来。

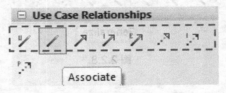

图 2.2.11

值得注意的是：由于"员工"可以直接"发布新帖子"，也可以在"显示帖子"之后再"发布新帖子"，所以"员工"与"发布新帖子"和"显示帖子"有直接关联关系。而"员工"与"回复帖子"，只能是在查看了帖子之后才能对该帖子进行回复，所以"员工"与"回复帖子"之间是间接的关联关系，相互之间可以不使用"Associate"线连接。

接下来绘制用例之间的关系，如前分析可知"发布新帖子"和"显示帖子"、"回复帖子"和"显示帖子"之间都是扩展关系，所以在如图 2.2.11 所示的"Use Case Relationships"选项中选择"Extend"，将"发布新帖子"和"显示帖子"、"回复帖子"和"显示帖子"之间建立扩展关系。最终，如图 2.2.12 所示诚信管理论坛系统的用例图绘制成功。

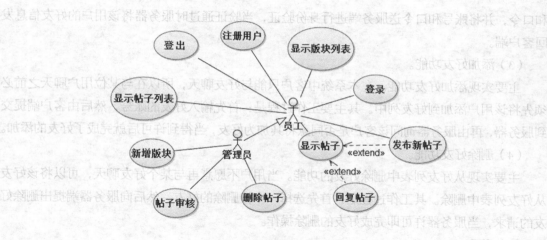

图 2.2.12

小结

本节我们通过对诚信管理论坛系统项目的分析，掌握了如何绘制用例图。绘制用例图，需要分析需求，确定角色和用例，以及它们相互之间的关系，然后使用 Enterprise Architect 工具进行绘制。

2.3　技能提升——在线聊天系统需求分析

任务布置

HNS 是一所以培养软件开发人才为目标的高等院校，现在由于在校人数的增加，各师生之间的交流变得越来越困难。为方便学校师生之间的交流，经学院系统分析部研究决定为学院开发一个在线聊天系统——"J-QQ"。它具有在学院校园网中提供即时交流的能力，同时还具有"好友管理"、"群聊"和"用户管理"等功能。

在对现有的较为流行的即时通信软件"腾讯 QQ"进行业务分析的前提下，对学院的部分教师和学生进行需求收集和整理。现决定在本次项目中需要实现的功能如下。

（1）注册功能。

主要实现申请"J-QQ"系统账号的功能。在本系统中，要实现即时交流必须要拥有合法的账号才能进行。一个新的用户在提交自己的一些描述信息的前提下（如：用户的姓名、昵称、性别等信息），由服务器为其分配一个唯一的"J-QQ"账号。

（2）客户登录功能。

主要实现从客户端登录"J-QQ"系统。其工作过程是：客户在登录时需要给出客户的账号和口令，并将账号和口令送服务端进行身份验证，当验证通过时服务器将该用户的好友信息发回客户端。

（3）添加好友功能。

主要实现添加好友功能。在本系统中客户只能与好友聊天，所以在与某位用户聊天之前必须先将该用户添加到好友列中。其主要工作过程是：首先输入好友的账号，然后由客户端提交到服务器，再由服务器询问该客户是否同意将其加为好友，当得到许可后就完成了好友的添加。

（4）删除好友功能。

主要实现从好友列表中删除好友的功能。当用户不愿意再与某个好友聊天，可以将该好友从好友列表中删除。其工作过程是：首先选择一个待删除的好友，然后向服务器端提出删除好友的请求，当服务器许可即完成好友的删除操作。

（5）私聊。

主要实现好友间单独聊天的功能。其工作过程是：用户首先从好友列表中选择一个好友，然后打开私聊窗口，通过该聊天窗口来实现与好友之间的交流。

（6）群聊。

主要实现与所有好友群聊的功能。其工作过程是：首先打开群聊窗口，用户输入群聊信息并由客户端转交到服务器中，服务器则根据该用户的好友列表群发到所有好友的客户端。

（7）好友上下线提示。

主要实现好友上下线提示，也就是说当用户上线时会自动通知其所有已在线的好友，当其下线时也需要自动通知其所有在线的好友。其主要工作过程是：当用户上线时，服务器会自动取出当前用户的好友列表，并根据该列表对其好友分别进行通知。当用户下线时就会向服务器传送下线命令，再由服务器将用户下线命令转发给其好友。

（8）用户管理。

主要实现用户信息修改的功能。其工作过程是：用户通过客户端程序中的用户信息修改窗口来实现用户个人信息的修改，当信息修改确定后就将该用户的信息传送至服务器，由服务器完成用户信息的更新操作。注意：用户信息一旦修改成功，其在线好友只能重新登录后，才会显示更新后的个人信息。

现需要完成如下任务：

1. 分析该系统的需求，确定系统中的角色和主要用例
2. 绘制用例图

 任务实现

J—QQ 聊天系统具有在学院校园网中提供即时交流的能力，同时还具有"好友管理"、"群聊"和"用户管理"等功能，因此，凡是有关这些操作的内容都属于系统的范围。通过分析该系统的业务描述，总结出现在系统中的主要活动，有如下几点。

（1）注册功能。

（2）客户登录功能。

（3）添加好友功能。

（4）删除好友功能。

（5）私聊：实现好友间单独聊天的功能。

（6）群聊：实现与所有好友群聊的功能。

（7）好友上下线提示：用户上下线时会自动通知其所有在线的好友。

（8）用户管理：主要实现用户信息修改的功能。

在画用例图之前，还需要找出系统的角色和主要的用例。

1. 确定系统角色

经过对系统中主要活动的分析，我们可以看到，严格意义上的角色只有两个：管理员和用户。系统服务端的实际操作者是管理员，管理员负责在服务端对系统进行监控和服务端的维护操作，而用户则是 J—QQ 聊天系统最主要的使用者。

2. 确定系统用例

一个完整的需求分析，要求找出所有的用例。但在这里，我们只分析最主要的部分。在这个系统中，J—QQ 聊天系统由客户端和服务端两大部分构成，因此可以总结出如下的用例。

客户端。

（1）系统功能。

① 注册。

② 登录。

③ 修改个人信息。

④ 退出。

（2）好友管理。

① 新增好友。

② 删除好友。

③ 查找好友。

④ 好友上下线提示。

（3）聊天管理。

① 私聊。

② 群聊。

服务端。

（1）服务器维护。

① 启动服务器。

② 停止服务器。

（2）服务器状态监视。

① 查看在线用户。

② 查看系统日志。

3．确定角色之间的关系和用例之间的关系

4．使用 Enterprise Architect 绘制用例图

 演示

目标：

● 提高学生的表达能力、语言应用能力和自信力；

● 展示所完成的任务。

要求：

● 普通话应尽可能标准流畅，不得使用方言；

● 需要结合本模块的重点进行讲解相关模块的实现。

2.4 活动图

 内容提要

活动图是 UML 中描述系统动态行为的 5 种图中的一种，用于展现参与行为的类的活动或动作。一张活动图从本质上来说是一个流程图，它显示了系统中从一个活动到另一个活动的流程，使用活动图来描述用例的活动，有助于对系统的业务建模。因此本节将主要介绍下列内容：

● 活动图的基本概念

● 活动图的图形表示

● 活动图的应用

 任务

根据诚信管理论坛系统开发进度，在完成对系统的需求建模，得到用例模型后，应针对每个用例进行行业务分析，说明其具体的业务流程。现系统分析部指派你来完成该项任务，要求如下。

用活动图来描述系统中已知用例的业务过程：

1．描述注册用例

2．描述登录用例

2.4.1 活动图的基本概念

在用例模型中，可以利用文本来描述用例的业务流程，但如果业务流程较为复杂的话，则可能会难以阅读和理解，这时需要用更加容易理解的方式（图形）来描述业务过程的工作流，

在 UML 中将这类描述活动流程的图形称为活动图（Activity Diagram）。活动指一个状态机中进行的非原子的执行单元，它由一系列的可执行的原子计算组成，这些原子计算会导致系统状态的改变或返回一个值。状态机是展示状态与状态转换的图。通常一个状态机依附于一个类，描述这个类的实例对接收到的事物的反应。状态机有两种可视化的建模方式。分别为活动图和状态图。活动图用于描述过程或操作的工作步骤，状态图则描述一个对象的状态以及状态改变，因此活动图可以算作是状态图一种特殊形式，只不过活动图除了描述对象状态之外，更加突出它的活动。（状态图的具体知识在项目三中介绍。）

活动图提供了一种描述业务流程的方法，它可以用来描述在何处、何时，发生何种动作，因此活动图可以用作以下目的。

（1）描述一个操作执行过程中所完成的工作（动作），这是活动图最常见的用途。

（2）描述对象内部的工作。

（3）显示如何执行一组相关的动作，以及这些动作如何影响它们周围的对象。

（4）显示用例的实例如何执行动作以及如何改变对象状态。

（5）说明一次业务流程中的人（角色）和对象是如何工作的。

活动图中的基本要素包括状态、转移、分支、分叉和汇合、泳道、对象流等。

1．状态

状态（State）是指在对象的生命周期中满足某些条件、执行某些活动或等待某些事件时的一个条件或状况。在活动图中，对象的状态会随着活动的进行而发生相应的变化，因此活动图中的基本要素是状态。活动图中的状态包括动作状态和活动状态。

（1）动作状态（Action）。

对象的动作状态是活动图中最小单位的构造块，表示原子动作。在用活动图建模的控制流中，会发生一些事件，使得对象要进行诸如设置属性值，表达式求值或调用其他对象提供的方法等操作，这些可执行的原子计算被称为动作状态。动作状态有以下 3 个特性。

① 原子性：即不能被分解成更小的部分；

② 不可中断性：即一旦开始就必须运行到结束；

③ 瞬时性：即动作状态所占用的处理时间通常是极短的，甚至是可以被忽略的。

在一张活动图中，动作状态允许多处出现。动作状态可以有入转移，入转移既可以是动作流，也可以是对象流。动作状态至少有一条出转移，这条转移以内部的完成为起点，与外部事件无关。

动作状态表示状态的入口动作。入口动作是在状态被激活的时候执行的动作，在活动状态机中，动作状态所对应的动作是此状态的入口动作。如打电话时，电话机在未接打电话时是处于待机状态（idle），当用户摘机后，电话机就进入了拨号状态（dialing），可以进行拨号了。这里的"摘机"就是一个动作状态，当执行完这个动作后，电话机的状态就要发生变化，从待机状态转变为拨号状态。

在 UML 中，动作状态使用带圆端的方框表示，如图 2.4.1 所示。动作状态所表达的动作写在方框的内部。建模人员使用动词或动词短语来描述动作。

图 2.4.1

注意：在活动图中也可以表示对象的状态，状态是用圆角矩形表示。动作状态表示的重点是不可分割的原子动作，而状态表示的重点是对象所处的条件和状况。

（2）活动状态（Activity）。

动作状态表示的是不可分割的原子动作，而活动状态则不同，它表示的是可以分割的动作。可以将对象的活动状态理解为一个组合，它的控制流由其他活动状态或动作状态组成。因此活动状态的特点是：它可以被分解成其他子活动或动作状态，它能够被中断，占有有限的时间。

活动状态内部的活动可以用另一个状态机描述。从程序设计的角度来理解，活动状态是软件对象实现过程中的一个子过程，而动作状态则可以理解为基本处理语句。如果某活动状态是只包括一个动作的活动状态，那它就是动作状态，因此动作状态是活动状态的一个特例。

在 UML 中，动作状态和活动状态的图标没有什么区别，都是带圆端的方框。只是活动状态可以有附加的部分，如可以指定入口动作、出口动作、状态动作等。

在活动图中除了描述动作的活动状态和动作状态外，还有一类特殊的状态，用于表示活动的开始和结束，分别称为起始状态（start state）和终止状态（end state）。起始状态表示一个工作流程的开始，用实心圆点来表示，如图 2.4.2（a）所示，在一个活动图中只有一个起始状态。终止状态表示了一个活动图的最后和终结状态，一个活动图中可以有 0 个或多个终止状态，终止状态用实心圆点外加一个小圆圈来表示，如图 2.4.2（b）所示。

（a）　　（b）

图 2.4.2

2. 转移

转移（transition）是两个状态间的一种关系，表示对象将在当前状态中执行动作，并在某个特定事件发生或某个特定的条件满足时进入后继状态。当一个状态的动作或活动结束时，控制流会马上传递给下一个动作或活动状态，这时使用"转移"来表达这种控制的传递关系。转移显示了从一个动作或活动状态到下一个动作或活动状态的路径。在 UML 中用一条简单的直线表示一个转移，如图 2.4.3 所示。

活动图开始于起始状态，然后自动转移到第一个动作状态，一旦该状态所说明的工作结束，控制就会不加延迟的转移到下一个动作或活动状态，并以此不断重复，直到遇到一个结束状态为止。像这类当一个动作状态或活动状态结束时，会自动转换到下一个动作或活动状态时的转移，称为无触发转移或自动转移。图 2.4.3 的活动图说明了"打电话"的基本过程，可以看到，图中的活动都是动作状态，因为这些活动都是不可分割的原子动作，而图中的转移则属于自动转移。

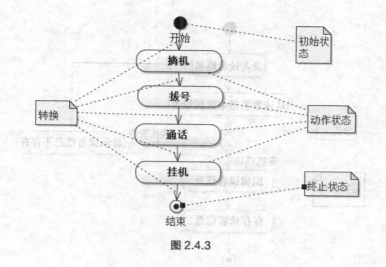

图 2.4.3

3．分支

在常规的流程图中，分支（Branch）结构是一种基本图形结构，它描述了对象在不同的判断结果下所执行的不同动作。在 UML 中，活动图也提供了描述这种分支结构的建模元素，分支用于描述基于某个条件的可选择路径。一个分支可以有一个进入转移和两个或多个输出转移。在每条输出转移上都有监护条件表达式对该输出路径进行保护，当且仅当监护条件表达式为真时，该输出路径才有效。在所有输出转移中，其监护条件不能重叠，而且它们应该覆盖所有的可能性。例如，"i>1" 和 "i>2" 这两个分支就存在重叠；而 "i>1" 和 "i<1" 这两个分支虽然不存在分支重叠，但遗漏了 i=1 的情况，当 i=1 时，控制流就会出现无法选择适当的输出路径，被冻结的情况。因此为了方便起见，可以使用关键字 "else" 来标记一个输出转移，表示当其他监护条件都不为真时执行的路径，可以避免因监护条件没有覆盖所有可能性而引起的错误。

分支在图形表示上与传统的流程图相似，都使用菱形表示，监护条件使用文本串标记在输出转移的路径上。在活动图中，引入分支后，除了可以描述选择结构外，还可以用来描述循环结构。

示例 2.4.1　HNS 的图书馆管理系统中需要提供对读者信息的修改功能，请使用活动图描述该用例。

分析：要对读者信息进行修改，首先需要提供读者的名字，然后在数据库中进行查找，如果找到，则进行相关的信息修改，并保存修改后的信息。如果没有找到，则给出相关的提示信息后，返回到读者名录入界面，重新输入读者名。其活动图如图 2.4.4 所示。

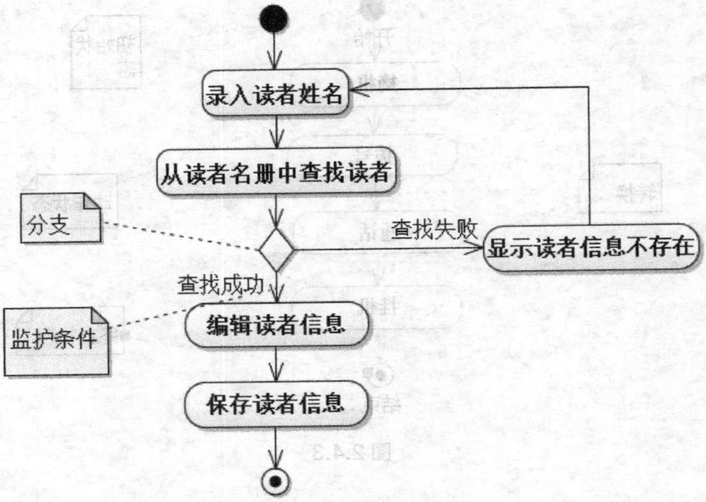

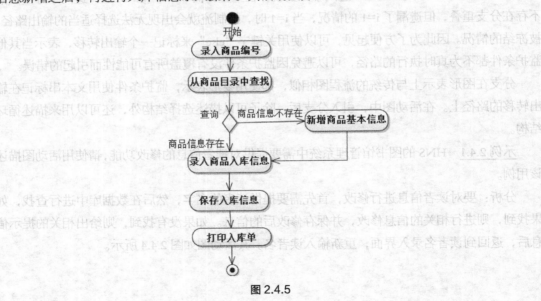

图 2.4.4

示例 2.4.2 针对货物管理系统的入库用例绘制相应的活动图。

分析：要对购入的商品进行入库操作，首先需要提供商品的编号，然后在数据库中进行查找，如果找到，则将商品的批号、购进数量以及存入仓库地址等信息录入，并保存入库后的信息。如果没有找到，则给出相关的提示信息后，转入到商品基本信息新增功能，完成商品基本信息新增之后，再进行入库信息录入操作。其活动图如图 2.4.5 所示。

图 2.4.5

4．分叉和汇合

在建模过程中，顺序和分支结构是最常见的控制结构，但是在对业务流程的工作流建模时，可能会遇到存在两个或多个并发运行的控制流的情况。在 UML 中可以使用同步条来说明这些控制流的分叉（fork）和汇合（joint）情况。

分叉表示把一个单独的控制流分成两个或多个并发的控制流。一个分叉可以有一个进入转移和两个或多个输出转移，每一个转移表示一个独立的控制流。在这个分叉之下，每一个路径相关的活动将并行的进行。

汇合表示两个或多个并发控制流的同步发生，一个汇合可以有两个或多个进入转移和一个输出转移。在该汇合的上方，与每一个路径相关联的活动并行的执行。在汇合处，并发流取得同步，这意味着每个流都互相等待着，直到所有进入流都到达这个汇合处，然后，在这个汇合的下面，只有一个控制流从这一点继续执行。

分叉和汇合应该是平衡的，即离开一个分叉的控制流的数目应该和进入它对应的汇合流的数目相匹配。位于并行控制流中的活动也可能通过发送信号而相互通信，这种类型的通信进程被称为协同进程。

分叉和汇合在图形上都使用同步条来表示，同步条通常用一条粗的水平线表示，但有时为了绘图的需要也使用竖线表示。下面继续以"打电话"的例子来说明分叉和汇合的使用。在图 2.4.3 中已经使用活动图对"打电话"的过程进行建模，其中对通话过程只是用一个"通话"动作来表示，但这还不足以具体地描述"打电话"过程中一边听，一边说的这样一个并行发生的活动，因此需要在"拨号"动作后开始两个同时进行的活动"听"、"说"，而"通话"动作的结束，也必然是"听"、"说"两个动作均结束，才能进行"挂机"，图 2.4.6 使用分叉和汇合描述了"打电话"的具体过程。

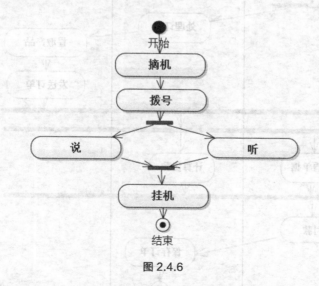

图 2.4.6

从这个例子可以看出，虽然活动图通常用来描述一个操作执行过程中（如打电话）所完成的一系列工作（动作），但从本质上说是一个流程图。与传统的流程图只支持顺序和分支结构相比，活动图还可以描述并发步骤，因此支持对并发过程的描述是活动图与流程图的最大的不同。

5. 泳道

活动图中可以描述动作的发生过程，但是却无法描述该项活动是由谁来完成的，因此在活动图中引入"泳道"（swimlane）技术来描述每个活动是由哪个对象负责完成。所谓"泳道"技术，是将一个活动图中的活动状态进行分组，每一组表示一个特定的类、人或部门，他们负责完成组内的活动。在 UML 中，每个组被称为一个泳道，因为从视觉上看，每组都用一条垂直的实线与邻居分开，类似于游泳池中被分隔的水道。

每个泳道在活动图中都有一个唯一的名称，表示业务过程中的实体。在被划分为泳道的活动图中，每个活动都明确属于一个泳道，不可以跨越泳道，而转移则可以跨越泳道。

示例 2.4.3 用活动图描述客户在商店中购买物品的过程。

分析：客户在商店中购买物品的活动过程，需要有 3 类用户参与，客户、销售员、仓管员。其基本过程是：客户首先在查看和浏览商品，一旦确定要购买的物品后，就通知销售员。这时销售员为购买的物品开出订单，并通知仓管员提取物品。仓管员则根据定单，提取货物，再把订单交给销售员。这时，顾客查看自己的订单，确认货物，而销售员则开始计算货款。一旦双方都完成后，顾客就付款，提货，销售员则将订单保存下来。为了准确描述"购物"活动中，各项活动具体是由哪类用户完成的，在这里引入"泳道"技术进行建模，活动图如图 2.4.7 所示。

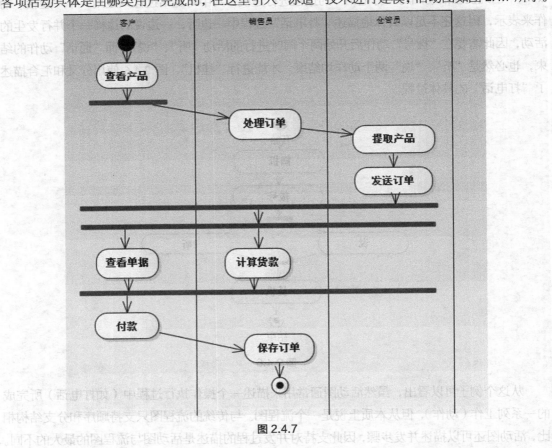

图 2.4.7

6．对象流

活动图一般是在需求分析后，对需求进行细化时使用。通过活动图对系统中业务过程的描述，来揭示系统的动态行为，这些工作通常处于软件开发的早期阶段。当软件开发进入构造阶段，即开始编码后，就需要考虑动态行为的实现，这时需要对活动图中对象的参与情况进行描述。

用活动图描述某个对象时，可以把所涉及的对象放置在活动图上，并用一个依赖将这些对象连接到对它们进行创建、撤销和修改的活动转移上。这种包括依赖关系和对象的应用被称为对象流（object stream）。对象流是动作和对象间的关联。对象流可用于对下列关系建模：动作状态对对象的使用以及动作状态对对象的影响。

在 UML 中，使用矩形表示对象，矩形内是该对象的名称与类名。对象和动作之间使用带箭头的虚线连接，带箭头的虚线表示对象流。图 2.4.8 在图 2.4.7 的基础上进一步地描述了顾客购物的活动流程，在图中表示在流程中创建、使用订单类对象 o 的情况，创建和使用账单对象 b 的情况。通过这些对象流可以更加清楚地描述在购物这个动态过程中系统内对象的使用情况。

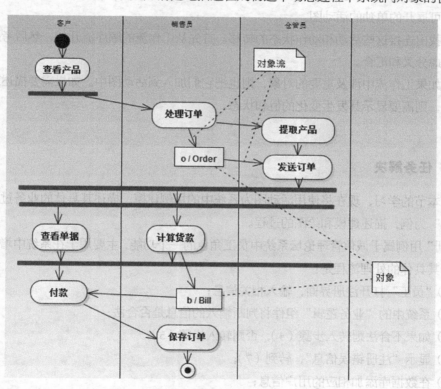

图 2.4.8

7．活动图的建模技术

活动图用于对系统的动态行为建模，在对一个系统建模时，通常有两种使用活动图的方式。

（1）为工作流建模。对工作流建模强调与系统进行交互的对象所观察到的活动。工作流一般处于系统的边界，用于可视化、详述、构造和文档化开发系统所涉及的业务流程。

（2）为对象的操作建模。活动图本质上就是流程图，它描述系统的活动、判定点和分支等部分。因此，在 UML 中，可以把活动图作为流程图来使用，用于对系统的操作建模。

现实中的软件系统一般都包含了许多类和复杂的业务过程，这里所指的业务过程就是所谓的工作流。系统分析人员可以使用活动图来对这些工作流建模，以便重点描述其业务过程。还可以使用活动图来对操作建模，用以重点描述具体的操作流程。

通常可以按照下列步骤，使用活动图对系统建模。

（1）确定活动图所关注的业务流程。因为不可能使用一个活动图对系统中所有的业务过程建模，通常一个活动图，只用于描述一个业务流程。

（2）确定该业务流程中的业务对象。

（3）确定该工作流的起始状态和终止状态，这有利于确定该工作流的边界。

（4）从该工作流的起始状态开始，说明随着时间发生的动作和活动，并在活动图中把它们表示成活动状态或动作状态。

（5）将复杂的动作或多次出现的动作集合归并到一个活动状态，并对每个这样的活动状态提供一个可展开的单独的活动图。

（6）找出连接这些活动和动作状态的转移。首先从工作流的顺序流开始，然后考虑分支，接着再考虑分叉和汇合。

（7）如果工作流中涉及重要的对象，则也把它们加入到活动图中。如果需要描述对象流的状态变化，则需要显示其发生变化的值和状态。

 任务解决

通过本节的学习，现在将使用活动图为系统中的用例建模，描述其具体的业务过程，这里以"注册"为例，描述建模和绘图的过程。

"注册"用例属于诚信管理论坛系统中员工角色的一个功能，主要用于在系统中增加新的员工信息，其具体的处理流程是：

（1）"员工"打开注册界面，输入相关信息；

（2）系统中的"业务逻辑"组件将判断输入的信息是否合法；

（3）如果不合法则转入步骤（4），否则转入步骤（5）；

（4）显示"注册错误信息"，转到（7）；

（5）在数据库添加相应的用户信息；

（6）显示"添加成功信息"；

（7）结束。

根据上面的分析，现在使用 EA 工具绘制活动图。

（1）启动 EA 工具，打开在 2.2 节中所创建的模型文件 BBS.eap。

（2）在右边的项目浏览器窗口中，展开根节点下的"用例建模"视图，选择"注册"用例，然后单击上方工具栏的"新建图"按钮，如图 2.4.9 所示。打开如图 2.4.10 所示的对话框，提示用户选择新建图的类型和图的名称。此时选择"UML Behavioral→Activity"关系，单击"确定"按钮后，则在"注册"用例下添加了一个名为"注册"的活动图。

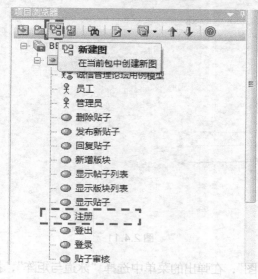

图 2.4.9

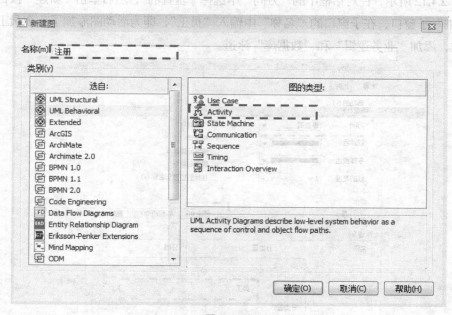

图 2.4.10

（3）双击"注册"活动图，弹出活动图窗口，这时工具栏变成活动图绘图工具栏，各图标的含义如图 2.4.11 所示。

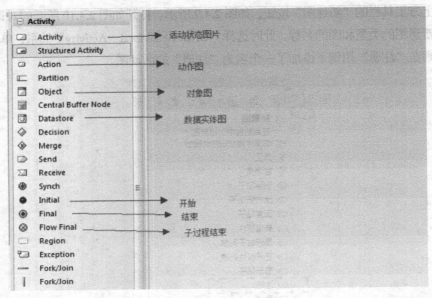

图 2.4.11

（4）单击菜单栏的"图"，在弹出的菜单中选择"泳道与矩阵"，打开"泳道和矩阵"对话框，如图 2.4.12 所示，在对话框中的"方向"中选择"垂直的"，然后单击"新建"按钮，弹出"泳道明细"子窗口，在子窗口的"名称"中输入"员工"，即为活动图添加了一个员工泳道，以此类推，添加"业务逻辑"和"数据库"泳道。

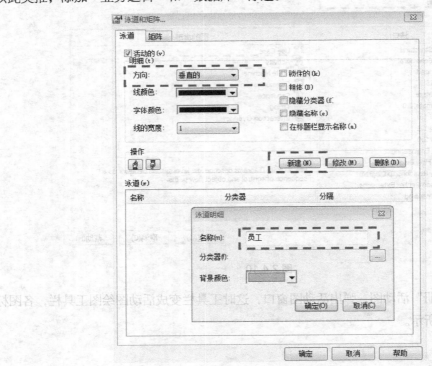

图 2.4.12

（5）在工具箱窗口中选择"Initial"图标，放置到"员工"泳道内，如图 2.4.13 所示。

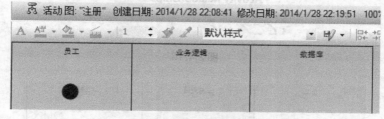

图 2.4.13

（6）选择工具栏中的"Activity"图标，在"员工"泳道内增加一个新的活动，将其命名为"录入注册信息"，如图 2.4.14 和图 2.4.15 所示。

图 2.4.14

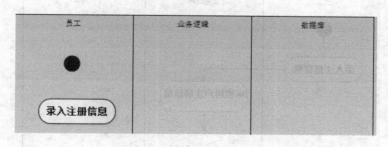

图 2.4.15

（7）选择工具箱窗口中的"Activity Relationships"中的"Control Flow"图标，如图 2.4.16 所示，在活动图窗口中，将光标从起始状态指向"录入注册信息"，则从起始状态到"录入注册信息"之间添加了一条带箭头的实线，表示转移，如图 2.4.17 所示。

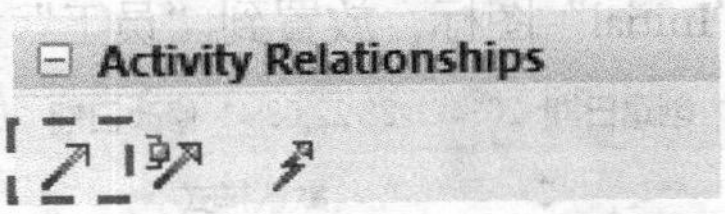

（5）在工具箱窗口中选择"Initialize"图标，创建初始活动，如图2.4.15所示。

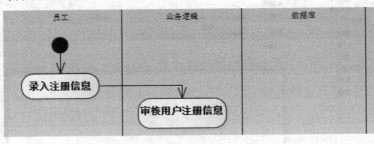

图 2.4.16

图 2.4.17

（6）选择工具箱中"Activity"图标，在"员工"泳道中创建活动，并将命名为"录入注册信息"。

（8）接下来使用同样的方法，在"业务逻辑"泳道增加"审核用户注册信息"活动，并创建相应的转移，如图2.4.18所示。

图 2.4.18

（9）接下来，将会出现一个分支。因此在工具箱窗口中选择"Decision"图标，在"业务逻辑"泳道中创建分支，并从"审核用户注册信息"活动创建一个到分支的转移，如图 2.4.19 所示。

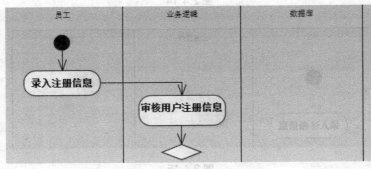

图 2.4.19

（10）这里会根据审核的结果，执行不同的活动，先创建两个不同的路径上的活动，如审核成功，则在数据库中保存信息，并向用户显示注册成功信息，否则，显示错误信息。如图2.4.20所示。

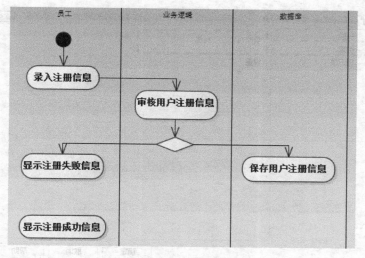

图 2.4.20

如果在 EA 中直接添加控制流图标时会显示是直线，如果想绘制成图 2.4.20 所示矩形框中的控制流箭头，要双击控制流，弹出如图 2.4.21 所示的对话框，然后将"样式"中的"定制"改为"方向-水平的"即可。

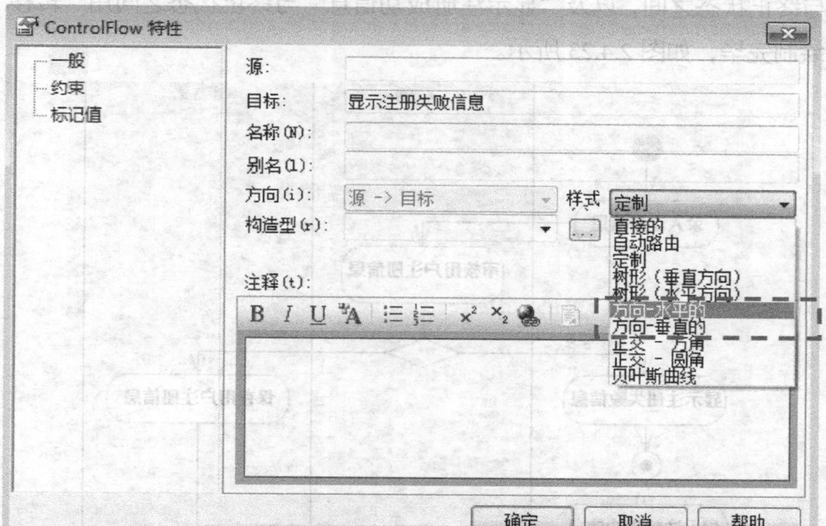

图 2.4.21

（11）为不同的输出路径，创建监护条件。选择到"保存用户注册信息"活动的输出路径，双击，在弹出的对话框中，选择"约束"选项卡，在"条件"栏中输入转移条件"合法"，如图 2.4.22 所示。

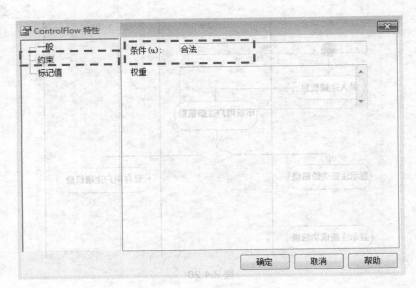

图 2.4.22

如果在 EA 中直接添加活动图和判断之后，初步提取判断在图 2.4.20 中分别优化出□□□

（12）同样，为到"显示注册失败信息"活动的输出路径，设置监护条件"不合法"。

（13）在工具箱窗口中选择"Final"图标，并放置到"员工"泳道上，再分别在"显示注册失败信息"与终止状态之间，以及"显示注册成功信息"与终止状态之间用"转移"连接起来，至此，全图绘制完毕，如图 2.4.23 所示。

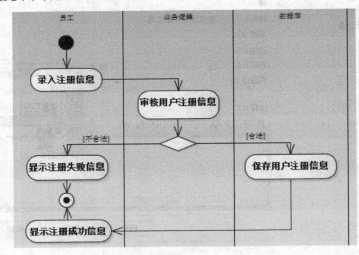

图 2.4.23

（11）为不同输出路径，创建输出条件，连接到，先在用户并判断口，显动的输出路径，双击，弹出的对话框中，选择"约束"选项卡，在"条件"后由输入栏中输入名称"合法"，如图2.4.22所示。

精练

请根据本节所学的知识解决"任务"中的要求 2，绘制"登录"用例的活动图。用户登录一般按照以下步骤进行：

（1）员工在登录界面，输入账号和密码；

（2）"业务逻辑"组件在"数据库"中，根据用户输入的账号和密码进行查找；

（3）如果不存在，则显示出错信息，返回步骤（1），如果存在则继续；

（4）"业务逻辑"组件则将该员工的用户状态设置为在线；

（5）客户端根据员工登录前的状态进入对应的界面；

（6）结束。

　**小结**

活动图是 UML 中用于对系统的动态方面建模的 5 种图中的一种，一张活动图从本质上说是一个流程图，显示从活动到活动的控制流。多数情况下，活动图用于对业务过程中顺序和并发的工作流程进行建模。活动图中的基本要素包括状态、转移、分支、分叉和汇合、泳道、对象流。

1．状态

状态（State）是指在对象的生命周期中满足某些条件、执行某些活动或等待某些事件时的一个条件或状况。在活动图中，对象的状态会随着活动的进行而发生相应的变化，因此活动图中的基本要素是状态。活动图中的状态包括动作状态和活动状态。

对象的动作状态是活动图中最小单位的构造块，表示原子动作。具有原子性、不可中断性和瞬时性。

活动状态表示的是可以分割的动作。可以将对象的活动状态理解为一个组合，它的控制流由其他活动状态或动作状态组成。因此活动状态的特点是：它可以被分解成其他子活动或动作状态，它能够被中断，占有有限的时间。

在活动图中除了描述动作的活动状态和动作状态外，还有一类特殊的状态，用于表示活动的开始和结束，分别称为起始状态（start state）和终止状态（end state）。

2．转移

转移（transition）是两个状态间的一种关系，表示对象将在当前状态中执行动作，并在某个特定事件发生或某个特定的条件满足时进入后继状态。

3．分支

分支（Branch）用于描述基于某个条件的可选择路径。一个分支可以有一个进入转移和两个或多个输出转移。在每条输出转移上都有监护条件表达式保护，当且仅当监护条件表达式为真时，该输出路径才有效。

4．分叉和汇合

分叉（fork）表示把一个单独的控制流分成两个或多个并发的控制流。一个分叉可以有一个进入转移和两个或多个输出转移，每一个转移表示一个独立的控制流。

汇合（joint）表示两个或多个并发控制流的同步发生，一个汇合可以有两个或多个进入转移和一个输出转移。

分叉和汇合使得活动图可以支持对并发过程的描述，这是活动图与流程图最大的区别。

5．泳道

"泳道"（swimlane）技术，是将一个活动图中的活动状态进行分组，每一组表示一个特定的类、人或部门，他们负责完成组内的活动。

6．对象流

用活动图描述某个对象时，可以把所涉及的对象放置在活动图上，并用一个依赖将这些对象连接到对它们进行创建、撤销和修改的活动转移上。这种包括依赖关系和对象的应用被称为对象流（object stream）。

2.5 技能提升——在线聊天系统需求动态建模

任务布置

根据J—QQ聊天系统开发进度，在完成对系统的需求建模，得到用例模型后，应针对每个用例进行业务分析，说明其具体的业务流程。现系统分析部指派你来完成该项任务，要求用活动图来描述系统中已知用例的业务过程：

1. 描述登录用例业务活动
2. 描述添加好友用例业务活动

任务实现

在画活动图之前，我们需要先分析用例对应的具体业务流程，然后再根据流程绘制活动图。下面以即时聊天J—QQ系统中的登录用例为例进行任务实现。

1．确定登录用例的业务流程

用户登录一般按照以下步骤进行：

（1）用户在登录界面，输入QQ号和密码；

（2）"业务逻辑"组件在数据库中，根据用户输入的QQ号和密码进行查找；

（3）如果不存在，则显示出错信息，返回步骤（1），如果存在则继续；

（4）"业务逻辑"组件将该QQ号的用户状态设置为上线；

（5）"业务逻辑"组件根据用户的QQ号查找其好友信息，并将其发送回客户端；

（6）客户端根据收到的好友信息列表进行显示；

（7）结束。

2．使用 Enterprise Architect 绘制活动图

演示

目标：
- 提高学生的表达能力、语言应用能力和自信力；
- 展示所完成的任务。

要求：
- 普通话应尽可能标准流畅，不得使用方言；
- 需要结合本模块的重点进行讲解相关模块的实现。

2.6 扩展阅读——面向对象需求分析方法

内容提要

面向对象的思想最初起源于 20 世纪 60 年代中期的仿真程序设计语言 Simula 67。20 世纪 80 年代初出现的 Smalltalk 语言及其程序设计环境对面向对象技术的推广应用起到了显著的促进作用。20 世纪 90 年代中后期诞生并迅速成熟的 UML（Unified Modeling Language，统一建模语言）是面向对象技术发展的一个重要里程碑。UML 统一了面向对象建模的基本概念、术语和表示方法，不仅为面向对象的软件开发过程提供了丰富的表达手段，而且也为软件开发人员提供了互相交流、分享经验的共用语言。本节主要内容如下：
- 面向对象软件开发方法所涉及的基本概念
- 用 UML 如何表示面向对象方法所用到的概念

2.6.1 面向对象的概念与特征

1．面向对象方法概述

面向对象的基本思想是将一个实际问题看成是一个对象或几个对象的集合。面向对象分析过程是在系统所要求解的问题中找出对象（属性和行为）以及它所属的类，并定义对象与类；面向对象设计是把系统所要求解的问题分解为一些对象及对象间传递消息的过程；面向对象实现是把数据和处理数据的过程结合为一个对象。对象既可以像数据一样被处理，又可以像过程一样被描述处理的流程和细节。总之，面向对象分析到面向对象设计再到面向对象实现（即 OOA→OOD→OOI）不用转换。

面向对象分析与设计的实质是一种系统建模的技术，它不是从功能或算法上考虑整个系统，而是从系统的组成上进行分解，利用类及对象作为软件的基本构造单元，以更接近人类思维的方式建立模型，从而使设计出的系统尽可能直接地描述现实世界，构造出模块化、可重用、易维护的软件。

2．面向对象的基本概念

（1）对象。

对象是一个封装了数据和操作的实体。对象的结构特征由属性表示，数据描述了对象的状态，操作可操纵私有数据（把数据称为"私有"的，是因为数据是封装在对象内部，是属于对象的）改变对象的状态。

对"对象"概念的理解，应该把握以下内容。

从广义上讲，面向对象中的对象就是我们实际生活中可以感触或意识到的人或物的真实写照，而系统分析和程序设计中的对象（即对象模型）是这些实际人和物的数学抽象。也就是说，我们把客观世界的实体称之为问题（问题域）的对象。

对象也可以是一种概念实体，我们并不能直接感触到这些实体，但可以意识到其存在。比如，打印队列在生活中并不存在，但是在程序员的思维中可以意识到这个实体的存在，而且起到一定的作用，它完全可以作为系统中的对象。

对象应该对应我们生活中的人或物，但这并不等于说生活中的所有人或物都可以成为计算机系统中的对象，这要取决于需求研究的范畴。在面向对象的设计和编程时，对象就是程序。

（2）对象的特征。

对象具有标识、状态和行为的公共特征。标识是对象在时间和空间上的唯一存在，是区别于其他对象的唯一标志；状态是由对象在特定时刻的属性值所确定；行为是一个具体的对象，所有能做的事件，在分析中建模为操作，在设计中建模为方法。

（3）类。

类是具有相同（或相似）属性和操作的对象的集合，类是对象的抽象，而对象是类的具体化。即对象是类的实例，类是对象的模板。这是对象与类之间的本质关系。

类可以构成层次结构，相对上层的是超类（superclass），相对下层的是子类（subclass）。超类也称基类，子类也称派生类。子类在继承超类的属性和操作的同时可以拥有自己的特有的属性和操作。

（4）封装。

封装的观点是一个重要的概念。严格地说，操纵对象的唯一方法只有通过操作，对于对象的任何请求都必须由其操作来进行处理。这就是封装，即隐藏对象的数据结构。封装将外部接口与内部实现分离开来，用户不必知道行为实现的细节，只须用消息来访问该对象。

（5）继承。

继承性是共享类、子类和对象中的方法和数据的机制。当类 A 不但具有类 B 的属性，而且还具有自己独特属性时，这时称类 A 继承了类 B，继承关系常称"即是"（is a kind of）关系。子类继承了超类的所有特征，即子类继承超类的属性、操作、关系和约束。

继承具有传递性，类的层次结构的一个重要特点是继承性。

继承分为单重继承和多重继承两类。如果一个类至多只能有一个超类，这种继承方式称为单重或简单继承，单重继承是树形结构。如果一个类可以直接继承多个类，这种继承方式称为多重继承，多重继承是网状结构。

（6）多态性。

多态即一个名字可具有多种语义。即在类等级的不同层次中可以共享（公用）一个行为（方法）的名字，然而，不同层次中的每个类却各自按自己的需要实现这个行为，并得到不同的结果。同一个操作（方法）、函数或过程可以用不同类型的参数调用实现不同的结果。在面向对象的语言中，都有实现多态性的机制。

封装、继承和多态是面向对象的"三大支柱"，是面向对象的3个核心观点。

（7）消息和方法。

消息用来请求执行某一处理或回答某些信息的要求。对象间的通信是通过消息传递来实现的。在面向对象程序设计中，程序的执行是靠在对象间传递消息来完成的。

方法是类中操作的实现过程。一个方法包含方法名、参数和方法体。对象的内部信息是隐蔽的，对象间只能通过消息来连接，而对象私有的数据是用它的方法访问的。

（8）关系。

在一个面向对象的软件系统中，对象不是孤立存在的，对象和对象之间只有通过相互发消息，才能组成一个实际的软件系统。在开发软件过程中，分析与设计的一部分工作是标识和定义这些关系，对象只有在已经定义好关系后才能进行相互之间的通信。

在 UML 中，对象与对象之间的关系用一条直线来表示，常常表示为有箭头的直线，代表方向性、可导航性。对象之间的关系往往反映出系统的业务规则，这也正是模型所要表达的信息。

对象与对象之间有3种关系：一对一关系、一对多关系、多对多关系。

3．面向对象的软件开发

面向对象的系统是从事物角度而不是从操作或功能角度来思考问题，运行的系统由一组彼此交互的对象构成，这些对象维护自己的局部状态并提供对这些状态信息的操作。从软件工程的角度看，整个软件开发过程始终贯彻一个面向对象的策略，包括以下几点。

（1）面向对象的分析。

面向对象的分析是建立应用领域的面向对象模型。识别出的对象或类反映应用领域相关的一些实体及操作。

（2）面向对象的设计。

面向对象的设计是建立软件系统的面向对象模型，借助于类库、网络、组件、软件包、构架和框架等已有的实施实现识别出的需求。

（3）面向对象的程序设计。

面向对象的程序设计是使用面向对象的程序设计语言来实现软件设计。面向对象的程序设计语言支持对象的直接实现和提供定义对象类的方法。

当使用面向对象的方法来开发软件时，软件的生命周期阶段之间的划分没有明确的界限。

使用面向对象方法开发软件时，对象一开始就进入了软件生命周期，人们在分析阶段将对象提取出来，在设计阶段对其进行设计，在实现阶段对其进行编码。这样，面向对象方法有一个完整的步骤，阶段与阶段之间的转变比结构化方法要平缓，从而减小了开发过程中阶段之间转化带来的错误数量，开发出的软件系统也便于维护。

2.6.2　面向对象软件开发的分析模型

面向对象分析过程分为论域分析和应用分析。论域分析建立大致的系统实现环境，应用分析则根据特定应用的需求进行论域分析。

1．OOA 分析的基本原则和任务

为建立分析模型，要运用如下的 5 个基本原则 ：①建立信息域模型；②描述功能；③表达行为；④划分功能 、数据 、行为模型，揭示更多的细节；⑤用早期的模型描述问题的实质，用后期的模型给出实现的细节。这些原则形成 OOA 的基础。

OOA 的目的是定义所有与待解决问题相关的类（包括类的操作和属性、类与类之间的关系以及它们表现出的行为）。为此，OOA 需完成的任务是：

（1）软件工程师和用户必须充分沟通，以了解基本的用户需求；

（2）必须标识类（即定义其属性和操作）；

（3）必须定义类的层次；

（4）应当表达对象与对象之间的关系（即对象的连接）；

（5）必须模型化对象的行为；

（6）反复地做任务（1）～（5），直到模型建成。

2．OOA 概述

目前已经衍生出许多种 OOA 方法。每种方法都有各自的进行产品或系统分析的过程，有一组可描述过程演进的图形标识，以及能使得软件工程师以一致的方式建立模型的符号体系。现在广泛使用的 OOA 方法有以下几种。

（1）Booch 方法：Booch 方法包含 "微开发过程" 和 "宏开发过程"。微开发过程定义了一组任务，并在宏开发过程的每一步骤中反复使用它们，以维持演进途径。Booch OOA 宏开发过程的任务包括标识类和对象、标识类和对象的语义、定义类与对象间的关系，以及进行一系列求精从而实现分析模型。

（2）Rumbaugh 方法：Rumbaugh 和他的同事提出的对象模型化技术（OMT）用于分析、系统设计和对象级设计 。分析活动建立 3 个模型：对象模型（描述对象、类、层次和关系）、动态模型（描述对象和系统的行为）、功能模型（类似于高层的 DFD，描述穿越系统的信息流）。

（3）Coad 和 Yourdon 方法：Coad 和 Yourdong 方法常常被认为是最容易学习的 OOA 方法。建模符号相当简单，而且开发分析模型的导引直接明了。其 OOA 过程概述如下：

① 使用 "要找什么" 准则标识对象；

② 定义对象之间的一般化／特殊化结构；

③ 定义对象之间的整体/部分结构；

④ 标识主题（系统构件的表示）；

⑤ 定义属性及对象之间的实例连接；

⑥ 定义服务及对象之间的消息连接。

（4）Jacobson 方法：也称为 OOSE（面向对象软件工程）。Jacobson 方法与其他方法的不同之处在于它特别强调使用实例（use case）——用以描述用户与系统之间如何交互的场景。Jacobson 方法概述如下：

① 标识系统的用户和它们的整体责任；

② 通过定义角色及其职责、使用实例、对象和关系的初步视图，建立需求模型；

③ 通过标识界面对象，建立界面对象的结构视图，表示对象行为，分离出每个对象的子系统和模型，建立分析模型。

（5）Wirfs-Brock 方法：Wirfs-Brock 方法不明确区分分析和设计任务。从评估客户规格说明到设计完成，是一个连续的过程。与 Wirfs-Brock 分析有关的任务概述如下：

① 评估客户规格说明；

② 使用语法分析从规格说明中提取候选类；

③ 将类分组以表示超类；

④ 定义每一个类的职责；

⑤ 将职责赋予每个类；

⑥ 标识类之间的关系；

⑦ 基于职责定义类之间的协作；

⑧ 建立类的层次表示；

⑨ 系统的协作图。

（6）统一的 OOA 方法（UML）。统一建模语言（UML）已经在企业中广泛使用，它把 Booch、Rumbaugh 和 Jacobson 等各自独立的 OOA 和 OOD 方法中最优秀的特色组合成一个统一的方法。UML 允许软件工程师使用由一组语法的语义的实用的规则支配的符号来表示分析模型。

在 UML 中用 5 种不同的视图来表示一个系统，这些视图从不同的侧面描述系统。每一个视图由一组图形来定义。这些视图概述如下。

① 模型视图：这个视图从用户（在 UML 中叫做角色）角度来表示系统。它用使用实例（use case）来建立模型，并用它来描述来自终端用户方面的可用的场景。

② 模型视图：从系统内部来描述数据和功能，即对静态结构（类、对象和关系）模型化。

③ 行为模型视图：这种视图表示了系统动态和行为。它还描述了在用户模型视图和结构模型视图中所描述的各种结构元素之间的交互和协作。

④ 实现模型视图：将系统的结构和行为表达成为易于转换为实现的方式。

⑤ 环境模型视图：表示系统实现环境的结构和行为。

通常，UML 分析建模的注意力放在系统的用户模型和结构模型视图，而 UML 设计建模则定位在行为模型、实现模型和环境模型。

2.6.3　基于 UML 的软件开发过程

虽然 UML 是独立于软件开发过程的，即 UML 能够在几乎任何一种软件开发过程中使用，但是熟悉一种有代表性的面向对象的软件开发过程，并知悉 UML 各语言要素在过程中不同阶段的应用，对于理解 UML 将大有裨益。

图 2.6.1 表示一种迭代的渐进式软件开发过程，它包含 4 个阶段：初始、细化、构造和移交。

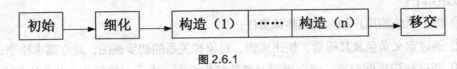

图 2.6.1

1．初始

在初始阶段，软件项目的发起人确定项目的主要目标和范围，并进行初步的可行性分析和经济效益分析。

2．细化

细化阶段的开始标志着项目的正式确立。软件项目组在此阶段需要完成以下工作。

（1）初步的需求分析。

采用 UML 的用例描述目标软件系统所有比较重要、比较有风险的用例，利用用例图表示角色与用例以及用例与用例之间的关系。采用 UML 的类图表示目标软件系统所基于的应用领域中的概念之间的关系。这些相互关联的概念构成领域模型。领域模型一方面可以帮助项目组理解业务背景，与业务专家进行有效沟通；另一方面，随着软件开发阶段的不断推进，领域模型将成为软件结构的主要基础。如果领域中含有明显的流程处理成分，可以考虑利用 UML 的活动图来刻画领域中的工作流，并标识业务流程中的并发、同步等特征。

（2）初步的高层设计。

如果目标软件系统的规模比较庞大，那么经初步需求分析获得的用例和类将会非常多。此时，可以考虑根据用例、类在业务领域中的关系，或者根据业务领域中某种有意义的分类方法将整个软件系统划分为若干包，利用 UML 的包图刻画这些包及其间的关系。这样，用例、用例图、类、类图将依据包的划分方法分属于不同的包，从而得到整个目标软件系统的高层结构。

（3）部分的详细设计。

对于系统中某些重要的或者比较高的用例，可以采用交互图进一步探讨其内部实现过程。同样，对于系统中的关键类，也可以详细研究其属性和操作，并在 UML 类图中加以表现。因此，这里倡导的软件开发过程并不在时间轴上严格划分分析与设计、总体设计与详细设计，而是根据软件元素（用例、类等）的重要性和风险程度确立优先细化原则，建议软件项目组优先考虑重要的、比较有风险的用例和类，不能将风险的识别和解决延迟到细化阶段之后。

（4）部分的原型构造。

在许多情形下，针对某些复杂的用例构造可实际运行的耐用消费品型是降低技术风险、让用户帮助软件项目组确认用户需求的最有效的方法。为了构造原型，需要针对用例生成详尽的交互图，对所有相关类给出明确的属性和操作定义。

综上所述，在细化阶段可能需要使用的 UML 语言机制包括：描述用户需求的用例和用例图、表示领域概念模型的类图、表示业务流程处理的活动图、表示系统高层结构的包图和表示用例内部实现过程的交互图等。

细化阶段的结束条件是，所有主要的用户需求已通过用例和用例图得以描述；所有重要的风险已被标识，并对风险应对措施了如指掌；能够比较精确地估算实现每一用例的时间。

3．构造

在构造阶段，开发人员通过一系列的迭代完成对所有用例的软件实现工作，在每次迭代中实现一部分用例。以迭代方式实现所有用例的好处在于，用户可以及早参与对已实现用例的实际评价，并提出改进意见。这样可有效降低大型软件系统的开发风险。

在实际开始构造软件系统之前，有必要预先制定迭代计划。计划的制定需遵循如下两项原则：

（1）用户变为业务价值较大的用例应优先安排；

（2）开发人员评估后认为开发风险较高的用例应优先安排。

在迭代计划中，要确定迭代次数、每次迭代所需时间以及每次迭代中应完成（或部分完成）的用例。

每次迭代过程由针对用例的分析、设计、编码、测试和集成 5 个子阶段构成。在集成之后，用户可以对用例的实现效果进行评价，并提出修改意见。这些修改意见可以在本次迭代过程中立即实现，也可以在下次迭代中再予以考虑。

构造过程中，需要使用 UML 的交互图来设计用例的实现方法。为了与设计得出的交互图协调一致，需要修改或精化在细化阶段绘制的作为领域模型的类图，增加一些为软件实现所必需的类、类的属性或方法。

如果一个类有复杂的生命周期行为，或者类的对象在生命周期内需要对各种外部事件的刺激作出反应，应考虑用 UNL 状态图来表述类的对象的行为。

UML 的活动图可以在构造阶段用来表示复杂的算法过程和有多个对象参与的业务处理过程。活动图尤其适用于表示过程中的并发和同步。

在构造阶段的每次迭代过程中，可以对细化阶段绘出的包图进行修改或精化，以便包图切实反映目标软件系统最顶层的结构划分状况。

综上所述，在构造阶段可能需要使用的 UML 语言机制包括：

（1）用例及用例图。它们是开发人员在构造阶段进行分析和设计的基础。

（2）类图。在领域概念模型的基础上引进为软件实现所必需的类、属性和方法。

（3）交互图。表示针对用例设计的软件实现方法。

（4）状态图。表示类的对象的状态—事件—响应行为。

（5）活动图。表示复杂的算法过程，尤其是过程中的并发和同步。

（6）包图。表示目标软件系统的顶层结构。

（7）构件图。

（8）部署图。

4．移交

在移交阶段，开发人员将构造阶段获得的软件系统在用户实际工作环境（或接近实际的模拟环境）中试运行，根据用户的修改意见进行少量调整。

2.6.4　面向对象的需求分析

OOA 模型的核心是使用实例（用例）。需求分析通过创建一组场景，每个场景包含一个用例，从场景分析入手，进一步抽取和定义 OOA 模型。因此，OOA 也可以说是一种半形式化的规格说明技术。

用例模型是一种基于场景分析的需求导出技术，现已成为 OOA 一个最基本、最重要的特征。

用例是系统某些动作步骤的集合，主要由角色和动作组成。角色是存在于系统之外的任何事物；动作是系统的一次执行，由角色触动。

建立用例模型主要是识别角色和用例，给出用例视图描述。

1．识别角色和用例

定义用例通常从识别角色开始。一般是通过询问系统的外部触动者，或者使用系统，或者从系统中获取数据等来识别角色。例如，保险业务系统有客户和保险销售员两个角色。

在识别了角色后，可以询问每个角色要从系统中获取哪些功能，或者是否需要读取、产生、删除、修改、存储信息，或者系统需求通知角色什么等，以便获取系统的用例。例如，保险业务系统中，客户通过签订保险单功能购买保险；保险销售员能够从系统中与客户签保险，统计保险情况和查询客户数据等任务。

不管是识别角色，还是识别用例，都是一个不断补充和整理的过程。

2．建立用例视图

在 UML 中，用例视图由角色、用例、关联和系统边界组成。如图 2.6.2 所示分别是用例视图中的角色、用例、关联的表示。系统边界用矩形框表示，框内为系统的功能，框外为与系统相关的外部系统，一般是开发者不关心的内容。例如，上述保险业务系统的用例视图如图 2.6.3 所示。

图 2.6.2　　　　　　　　　　　　　　　　　　　　　图 2.6.3

用例视图也可以分层次表示，先描述主要用例，然后再分解每个主要用例。

用例视图描述了整个系统的主要功能，但每个用例的实例，即脚本都没有详细地给出，所以需要用文字或注释的方式对每个用例的脚本进一步描述。

示例 2.6.1 使用面向对象的方法对图书馆管理系统进行需求分析。

1．建立用例模型

通过分析图书馆管理系统需求可知，图书馆管理系统有借书者、普通管理员、系统管理员和一般浏览者 4 种角色。浏览者通过查询可以获取图书馆提供的各种服务信息；借书者能够从图书馆系统中借、还、续借和预约图书，还可查询自己的借书信息和系统情况等；普通管理员协助借书者完成借、还、续借及预约任务；系统管理员负责图书管理、借阅者信息管理和普通管理员管理等任务。

（1）图书馆管理系统的用例视图如图 2.6.4 所示。

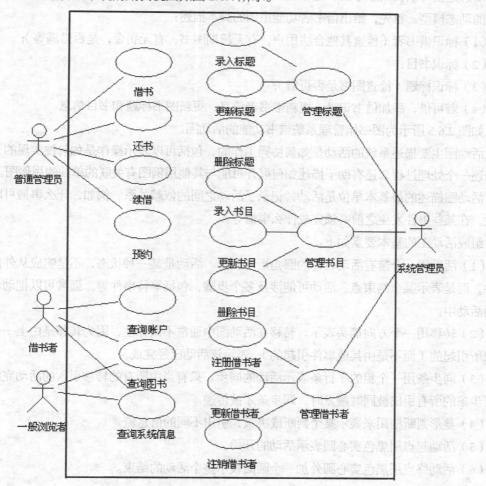

图 2.6.4

（2）给出系统每个用例的场景脚本描述，包括正常的情况和异常的情景。其中，借书用例有一个正常的借书场景脚本和多个不能完成借书的场景脚本，如下述描述。

借书用例正常的借书场景条件：

① 借阅者合法；

② 借阅者未借满规定的最多 10 本书；

③ 借阅者无超期的书；

④ 借阅者的罚金不超过 2 元；

⑤ 要借的图书允许借。

不符合上述条件之一就是一个异常的场景。

2. 动态建模

动态建模可以使用顺序图、协作图、状态图和活动图描述。这里主要给出借书（未预约）功能的动态模型。首先，给出借书者功能用例的脚本描述：

（1）标识借书者（检查其他合法用户，有无超期图书，有无罚金，是否借满等）；

（2）标识书目；

（3）标识标题（检查图书是否可借）；

（4）若可借，添加借书记录，更新借书者信息，更新图书标题和书目信息。

如图 2.6.5 所示为图书馆管理系统借书功能的活动图。

活动图主要描述系统的活动是如何协同工作的，包括可以表示操作是如何被实现的，也可以描述一个处理过程，还有助于描述如何展开可能与其他用例图有关联的单独的用例图。

活动图描述的最基本单位是活动，记录了活动之间的依赖关系。例如，什么事情可以并行发生，在某些事件发生之前必须完成什么事情等。

组成活动图的基本要素如下。

（1）活动用一个带有活动名称的圆角矩形表示。活动是某一种状态，不是响应从外部来的事件，而是表示某个结束点。活动可能涉及多个步骤，包括等待事件等。通常可以把动作细节加到活动中。

（2）转移用一个方向箭头表示。转移在活动图中通常不做标注，因为转移是由上一个活动结束所引起的（而不是由其他事件引起的），表示该活动已经完成。

（3）同步条用一个粗的平行条表示活动的同步。只有当由所有的转移引入的活动完成时，即同步条的所有引出被同时触发时，同步条才被传递。

（4）菱形判断框用来表示某个判断或决策，引出不同的信息流。

（5）活动起点用黑色实心圆表示活动的开始。

（6）活动终点用黑色实心圆外加一个圆圈表示整个活动的结束。

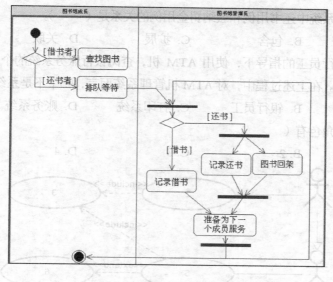

图 2.6.5

 作业

1. 选择题

（1）系统中有两个用例：一个用例的角色是用户，用例是"注册"；另一个用例的角色是系统管理员，用例是"审核用户注册"。这两个用例之间是（　　　）关系。

A. 泛化 　　　　　B. 扩展 　　　　　C. 包含 　　　　　D. 关联

（2）在寻呼台系统中，用户如果预定了天气预报，系统每天定时给其发送天气消息；如果当天气温高于 35 度，还会提醒用户注意防暑。这个叙述里，（　　　）不是寻呼台系统的角色。

A. 用户 　　　　　B. 天气预报 　　　C. 时间 　　　　　D. 气温

（3）用例与用例之间的关系有 3 种，下面（　　　）不属于 3 种关系之一。

A. 泛化 　　　　　B. 关联 　　　　　C. 扩展 　　　　　D. 包含

（4）在面向对象的分析与设计中，下面与角色有关的陈述中，正确的是（　　　）。

A. 在每个用例图中操作用例的被称为角色

B. 角色不能是系统时间

C. 角色一定是一个人或用户

D. 角色对系统而言是属于系统内部的，在我们的控制之内

（5）下列关于用例和用例图的描述，正确的有（　　　）。

A. 系统是用例模型的一个组成部分，它必须代表一个真正的软件系统

B. 在扩展关系中，扩展后的用例一定要包括所扩展的原用例的全部行为

C. 用例图中，角色可以是一个人、一部机器或者一个系统

D. 用例用一个名字在外面的椭圆表示

（6）图书管理系统中还书用例和缴纳罚金用例的关系是（　　）。

A. 泛化　　　　　　B. 包含　　　　　　C. 扩展　　　　　　D. 关联

（7）用户在银行员工的指导下，使用 ATM 机，查阅银行账务系统的个人账务数据，并打印其个人用户账单。在上述过程中，对 ATM 机管理系统而言，哪个不是系统的角色（　　）。

A. 用户　　　　　　B. 银行员工　　　　C. 打印系统　　　　D. 账务系统

（8）图 1 中的角色有（　　）。

A. 1　　　　　　　　B. 2　　　　　　　　C. 3　　　　　　　　D. 4

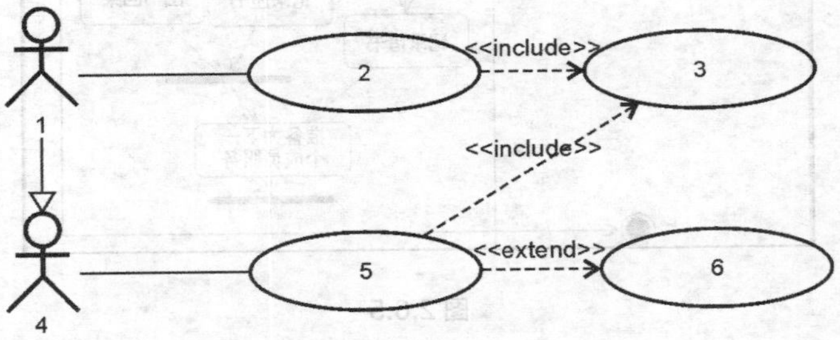

图 1

（9）图 1 中的用例有（　　）。

A. 1　　　　　　　　B. 2　　　　　　　　C. 3　　　　　　　　D. 4

（10）下列关于活动图的说法错误的是（　　）。

A. 一张活动图从本质上说是一个流程图，显示从活动到活动的控制流

B. 活动图是 UML 中用于对系统的静态方面建模的 5 种图中的一种

C. 活动图中的基本要素包括状态、转移、分支、分叉和汇合、泳道、对象流

D. 活动图用于对业务过程中顺序和并发的工作流程进行建模

（11）在活动图中，（　　）技术是将一个活动图中的活动状态进行分组，每一组表示一个特定的类、人或部门，他们负责完成组内的活动。

A. 泳道　　　　　　B. 分叉　　　　　　C. 汇合　　　　　　D. 同步条

（12）下面（　　）不是活动图的元素。

A. 活动　　　　　　B. 伪代码　　　　　C. 分叉/汇合

D. 转移　　　　　　E. 判定点/分支点

2. 什么是角色？如何确定系统的角色？

3. 什么是用例？如何确定系统的用例？

4. 用例之间有哪些关系？对每一种关系，请举出一个实际的例子，并画出用例图。

5. 什么是动作状态？什么是活动状态？它们有什么区别？

6. 活动图与传统的流程图有什么区别？

7. 请用活动图描述一个图书管理系统的借书和还书的过程。

8. 根据下面的需求描述，绘制用例图。

系统名称：人力资源管理系统。

功能要求：

（1）据公司的人力资源结构，设置各个部门，并进行部门管理；

（2）根据部门的业务功能，进行职位的设置；

（3）对员工信息进行管理，可为员工设置部门管理和系统管理的权限；

（4）能进行加班、出差、休假等申请的管理；

（5）系统公告的管理。

9. 请用活动图描述乘客去机场登机时的客运服务业务，具体的场景是：乘客乘坐飞机必须办理登机牌，然后登机；如果乘客要托运行李，则在普通登机牌办理柜台办理，属于正常Check-in；如果乘客不用托运行李，则在特定登机牌办理柜台办理，属于快速 Check-in；另外，如果乘客不用托运行李，还可以在机器上办理，属于自助 Check-in。

10. 请用活动图来描述下述客户网上购物活动：客户首先查看和浏览商品，一旦确定要购买的物品后，就通知销售员。这时销售员为购买的物品，开出订单，并通知仓管员提取物品。仓管员则根据定单，提取货物，再把订单交给销售员。这时，顾客查看自己的订单，确认货物，而销售员则开始计算货款。一旦双方都完成后，顾客就付款，提货，销售员则将订单保存下来。

 本项目小结

在本项目中，我们首先讲述了系统需求分析的重要性。缺乏需求、对需求的不正确理解、需求的不完整和需求的变化都是系统开发过程中可能导致失败的主要原因。

接着我们讲述了用例图。用例图是显示一组用例、角色以及它们之间关系的图。用例图从用户的角度而不是开发者的角度来描述对软件产品的需求，分析产品所需的功能和动态行为。用例图常用来对需求建模。用例图包括以下 3 方面的内容：

（1）角色；

（2）用例；

（3）依赖、泛化和关联关系。

最后我们讲述了活动图。活动图用于展现参与行为的类的活动或动作，它显示了系统中从一个活动到另一个活动的流程，使用活动图来描述用例的活动，有助于对系统的业务建模。活动图中的基本要素包括状态、转移、分支、分叉和汇合、泳道、对象流等。

本项目主要讲述的是 UML 在系统需求分析阶段的应用，因此，学完本项目后，读者应该能够使用用例图和活动图对一个简单的系统做出需求分析。

专业术语

Activity Diagram [æk'tɪvətɪ] ['daɪəgræm]	活动图	
Actor ['æktə (r)]	参与者，角色	
Alternative Flow [ɔːl'tɜːnətɪv][fləʊ]	备选流	
Association [ə,səʊʃi'eiʃən]	关联	
Basic Flow ['beɪsɪk][fləʊ]	基本流	
Branch [brɑːntʃ]	分支	
Dependency [dɪ'pendənsi]	依赖	
Event Flow [ɪ'vent][fləʊ]	事件流	
Extension use case [ɪk'stenʃn][juːs][keɪs]	扩展用例	
Extend [ɪk'stend]	扩展	
Fork [fɔːk]	分叉	
Generalization [,dʒenrəlaɪ'zeɪʃn]	泛化	
Include [ɪn'kluːd]	包含	
Join [dʒɔɪn]	汇合	
Object Stream ['ɒbdʒɪkt][striːm]	对象流	
Relationship [rɪ'leɪʃnʃɪp]	关系	
Scenario [sɪ'neəriː]	场景	
State [steɪt]	状态	
Swimlane [swɪmleɪn]	泳道	
Transition [træn'zɪʃn]	转移	
Use Case Diagram [juːs][keɪs] ['daɪəgræm]	用例图	

PART 3

项目三
架构建模

本项目目标

在对业务应用系统进行需求分析时，常使用 UML 的用例图和活动图来进行描述和建模。我们知道需求建模的主要目的是帮助开发者理解系统和方便设计者与客户之间的沟通。要设计实现该应用系统就必须对系统进行架构建模。在 UML 中主要是通过类图、状态图、顺序图和协作图对应用系统进行架构建模。本项目的学习目标如下。

- 掌握状态图的基本概念。
- 了解状态图建模方法。
- 掌握类的基本抽象方法。
- 掌握关系的基本概念。
- 掌握交互图的基本概念。
- 了解交互图的建模方法。

项目引入

诚信公司软件开发部在对诚信管理论坛系统需求建模后，进入到系统分析和概要设计阶段。此阶段将在需求模型的基础上，对系统进行静态建模以及动态建模，最后构建出诚信论坛管理系统的软件架构。这主要体现在将系统中的对象抽象成类，进而对类之间的相互关系进行建模，而系统内部行为建模则是由交互图进行描述。现指派你在学习完本项目内容的前提下，对系统进行概要设计建模。

3.1 状态图

 内容提要

状态图是 UML 中对动态活动进行建模的 5 种图之一。状态图又称为状态机，它描述了用例、协作和方法的动态行为，也描述了类的行为。状态图显示的是从状态到状态的控制流。它主要用于对应用系统的动态方面建模，包括对象的行为建模。本节主要内容如下：

- 事件
- 状态
- 转换
- 状态图

 任务

通过前面章节的学习，完成了诚信管理论坛系统的需求分析，得出系统的用例图和活动图。通过这两类图我们可以了解系统的业务处理过程，但对业务处理过程的处理状态间转换的了解仍不够，这不利于设计人员对系统业务进一步理解，而状态图能从对象的动态行为角度去描述系统的业务活动。请运用本节所学的状态图，完成如下任务：

1. 完成用户登录的状态图
2. 完成帖子管理的状态图

3.1.1 事件

在现实世界中，各种事情不断发生，而且许多事情都在同一时间发生，或发生在最意想不到的时间。这"发生的事情"在软件建模中就称为事件（Event），它表示对一个在时间和空间上占据一定位置的有意义的事情的规格说明，也就是指能导致某些动作发生的事情。例如，当按下电视机上的 Power（电源开关）按钮时，电视机开始播放节目。示例中的"按下 Power 按钮"就是事件，该事件触发的动作就是"电视机开始播放节目"。在状态机中，使用事件来描述一个动作的产生，动作能够触发状态的转换。

事件可以是内部或外部事件。外部事件是在系统和角色之间传送的事件，例如，键盘按钮按下和打印机中断都是外部事件。内部事件是在系统的内部对象之间传送的事件，例如，内存溢出就是一个内部事件。通常事件可以分成多种类型：信号、调用事件、变化事件、时间事件等。

1. 信号

信号（Signal）是作为两个对象之间通信媒介的命名实体，信号的接收是信号接收对象的一种事件。信号和简单类有许多共同之处，同样信号也可以实例化。信号还存在泛化关系，例如，计算机设备的中断信号就是一般的信号，而键盘中断信号就是特殊的信号。信号同类一样，有属性和操作。

信号可以在类图中被声明为类，并用构造类型"<<signal>>"表示，信号的参数被声明为属性。它可作为状态转换的动作而被发送，或者作为对象交互中的消息来发送。也就是说信号仅仅是事件的信息表示。操作与它可发送的事件之间的关系使用依赖关系进行建模，关系构造类型为"<<send>>"。在 UML 中，可以将信号建模为构造类型为"<<signal>>"的类。用构造类型为 Send 的依赖关系来表示一个操作发送了一个特定的信号。这种关系的源是一种操作或一个类元，目标则是信号，表明客户程序将该信号发送至某个未指明的目标。如图 3.1.1 所示，运动对象（MovementAgent 类对象）在进行移动时会发出冲撞信号，该冲撞信号被声明为类元素 Collision，它的构造类型为 Signal，而且它有一个属性 force 用来指示信号的值，它们之间的关系是 send 的依赖关系，也就是说物体在运动时会发出冲撞的信号。

图 3.1.1

同样信号之间也存泛化关系，信号可以是其他信号的子信号，它们继承父信号的属性，并可以触发包含信号类型的转换。如图 3.1.2 所示，计算机信息的输入可以通过多种设备来完成，而软件的运行主要是由用户的输入来进行驱动的，因此可以将输入的信息和设备作为信号来触发系统的业务流。计算机的输入设备有鼠标、键盘、语音等多种设备，可以通过泛化来构成一个输入设备的信号层次结构，当有输入事件产生时就会将相应的输入设备对象作为信号发送到目标对象中。

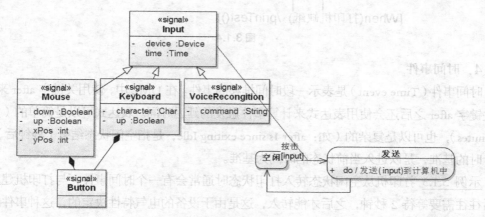

图 3.1.2

2．调用事件

就像信号事件代表信号的发生一样，调用事件代表一个操作的调度，也就是说调用事件（Call Event）是指一个对象对操作调用的接收。接收的类可以选择将操作实现为一个方法或实现为状态机里的一个调用事件触发器。

信号是一个异步事件，而调用事件一般来说是同步的，也就是说，当对象调用另一对象的操作时，控制就从发送者传送到接收者，该事件触发转换，完成操作后，接收者转换到一个新的状态，控制返还给发送者。

示例 3.1.1 在图书管理系统中借书时，需要对借书的状态进行验证，而验证的方法就是去书库查询该书的信息，系统的控制从业务对象传送到书库对象中，当完成查询后，业务对象的状态就变为已获取待借书状态，同时控制返还给业务对象，如图 3.1.3 所示。

图 3.1.3

3．变化事件

变化事件（change event）是指依赖于指定属性值的布尔表达式得到满足。这是一种一直等待直到特定条件被满足的声明方式。在状态图中表示为状态中的一个变化或某些条件满足的事件。在 UML 中，用关键字 When，后面跟随布尔表达式来对一个变化事件建模。可以用表达式来标记一个绝对时间（如：When time = 10:00），或对表达式作不间断地测试（如：When altitude <1000）。

示例 3.1.2 打印机在打印时会触发检测打印机是否缺纸的变化事件，如缺纸则将打印机状态转为缺纸暂停打印状态，否则转为打印状态，如图 3.1.4 所示。

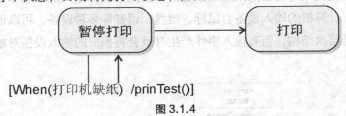

[When(打印机缺纸) /prinTest()]

图 3.1.4

4．时间事件

时间事件（Time event）是表示一段时间推移的事件。在 UML 中，使用关键字 after 来表示，在关键字 after 之后还会使用表达式来计算事件触发的延迟时间。表达式可以是简单的（如:after 2 minutes），也可以是复杂的（如：after 1s since exiting Idle，是指空闲状态结束 1 秒钟后），表达式计时的基准，是以进入当前状态的时间为基准。

示例 3.1.3 打印机从空闲状态转入打印状态时通常会有一个时间事件，与打印机建立连接之后往往需要等待 2 秒钟，之后才能转入，这是由于设备的电气特性决定的，这种事件的建模如图 3.1.5 所示。

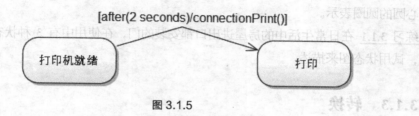

[after(2 seconds)/connectionPrint()]

打印机就绪 → 打印

图 3.1.5

3.1.2 状态

状态（State）是指在对象的生命周期中满足某些条件、执行某些活动或等待某些事件时的条件或状况。例如，打印机（printer）在工作时可能有 6 种状态："就绪"（Ready），"打印"（Print），"缺纸"（Lack paper），"忙"（Busy），"暂停"（Pause）和"停止"（Stop）。具体的打印机是对象，而它工作时可能出现的状态就是状态图中的状态。

当对象的状态机处于指定状态时，那么这个对象就被称作处于这个状态，如：打印机可能处于 Busy 状态，也可能处于 Pause 状态。状态由以下几个部分组成。

（1）名称（name）。是可以把该状态和其他状态区分开的字符串；状态也可能是匿名的，即没有名称。

（2）进入/退出动作（entry/exit action）。分别指进入和退出这个状态时所执行的动作。

（3）内部转换（internal transition）。不会导致状态改变的转换。

（4）子状态（substate）。主要是在状态的嵌套结构中，包括不相交（顺序活动）或并发（并发活动）子状态。

（5）延迟事件（deferred event）。是指在该状态下暂不处理，但将推迟到该对象的另一个状态下排队处理的事件列表。

示例 3.1.4 并发程序的运行可以简单看作由 3 个状态组成：就绪、阻塞和运行，其工作时的状态图如图 3.1.6 所示。

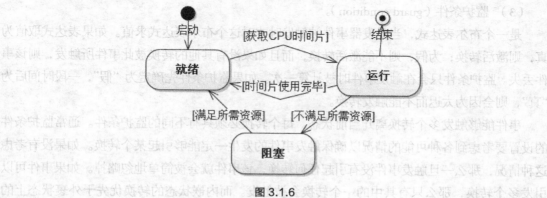

图 3.1.6

图 3.1.6 中有两个特殊的状态，一个是初态，表示该状态图或子状态的缺省开始位置。初态是用实心的圆表示。另一个是终态，表示该状态图或外围状态的执行已经完成，终态用内部含

有实心圆的圆圈表示。

练习 3.1.1 在日常生活中的房屋进出口都安装的门，在使用中有 3 种状态：打开、关闭和上锁，试用状态图来描述。

3.1.3 转换

转换是两个状态间的一种关系，表示对象将在当前状态中执行动作，并在某个特定事件发生或某个特定的条件满足时进入后继状态。当状态发生转变时，转换被称为激活。在转换激活之前，称对象处于源状态；激活后，称对象处于目标状态。例如，在并发程序运行时当"获取CPU 时间片"这样的事件发生时，程序就会从"就绪"状态转换到"运行"状态。

转换是由下面 5 部分组成。

（1）源状态（source state）。

即受转换影响的状态。如果对象处于源状态，当该对象接收到转换的触发事件或满足监护条件（如果有）时，就会激活一个转换。

（2）事件触发（Event trigger）。

源状态中的对象接收事件使转换激活，并使监护条件满足。由前述可知，事件是可以有参数的，是作为转换一部分的结果使用。如果信号有后代，那么接收至此信号的任何一个后代都可以引起转换。例如，将 Mouse（鼠标）作为触发器，那么接收到鼠标上的 Button 也可以触发这个转换（如图 3.1.2 所示）。

事件并不是持续发生的，它只在时间上的某一点上发生。当对象接收到一个事件时，事件被放置到事件池中。对象只能处理单个事件，当对象空闲时，将会从事件池中取出后续事件，一旦处理事件，转换就会开始。事件过后是不会被记住的（除特殊的事件，如：延迟事件）。如有多个并发的事件发生，同样一次只执行其中的一个。没有触发任何转换的事件将被忽略或遗弃，但不会认为是错误。

（3）监护条件（guard condition）。

是一个布尔表达式，当触发器事件被触发时才对这个布尔表达式求值。如果表达式取值为真，则激活转换；为假，则不能激活转换，而且如果没有其他的转换被此事件所触发，则该事件丢失。监护条件只会在触发事件时被计算一次。如果监护条件先确定为"假"，一段时间后为"真"，则会因为太迟而不能触发转换。

事件能够触发多个转换离开当前状态。每个转换必须具有不同的监护条件。通常监护条件的设置要考虑到各种可能的情况以确保触发事件的发生一定能够引起某个转换。如果没有考虑这种情况，那么一旦触发事件没有引起任何转换，该事件就会被简单地忽略掉。如果事件可以引发多个转换，那么只有其中的一个转换会被触发。而内嵌状态的转换优先于外裹状态上的转换。

（4）动作（Action）。

动作是可执行的一个原子计算，它可以直接作用于拥有状态机的对象，也可以间接作用于那些可见的其他对象。当转换被引发时，它对应的动作就会执行。动作通常是一个简短的计算处理过程，如：赋值操作或算术计算。另外还有一些动作，包括给另一个对象发送消息，调用一个操作，设置返回值，创建和销毁对象等。动作也可以是动作序列，就是由一系列简单的动作组成。动作或动作序列的执行不会被同时发生的其他动作影响或终止（如表 3.1.1 所示）。在 UML 中，动作的执行时间非常短，与外界事件所经历的时间相比是可以忽略的，因此在动作的执行过程中，不能再插入其他事件。然而，实际上任何动作的执行都要耗费一定时间，新到来的事件必然被安置在队列中。与事件不同，动作是可以并发的。动作可以使用触发器事件的参数和对象的属性值作为表达式的一部分。

通常，跨越多个层次的转换可能会离开和进入若干状态。状态可以定义一些活动，这些活动无论转换何时进入或离开状态都会被执行。进入目标状态会执行一个依附于该状态的入口活动。如果转换离开原来状态，那么在转换的效果和新状态的入口活动被执行前，该状态的出口活动会被执行。

入口活动通常用来进行状态所需要的内部设置。因为不能回避入口动作，任何状态内的动作在执行前都可以假定状态的初始化工作已经完成，不需要考虑如何进入这个状态。同样，无论何时从一个状态离开都要执行一个出口动作来进行后处理工作。当出现代表错误情况的高层转换使嵌套状态异常终止时，出口动作特别有用。出口动作可以处理这种情况以使对象的状态保持前后一致。入口动作和出口动作原则上依附于进来和出去的转换，但是将它们声明为特殊动作可以使状态的定义不依赖于转换，因此起到封装的作用。

表 3.1.1　动作种类

动作种类	描述	语法
赋值	对一个变量赋值	Target:=expression
调用	调用对目标对象的操作；等待操作执行结束；可能有返回值	opname(arg,arg)
创建	创建对象	new User(arg)
销毁	销毁对象	object.destroy()
返回	为调用者指定返回值	return value
发送	创建一个信号实例并将这个信号发送到目标对象或一组目标对象	sname(arg,arg)
终止	对象的自我销毁	terminate
不可中断	用语言说明的动作，如条件和迭代	

（5）目标状态（target state）。

转换完成后的活动状态。

由示例 3.1.4 可知，转换在状态图中是用一条从源状态到目标状态的有向实线来表示。而自身转换则是源状态和目标状态是相同的转换。转换可以有多个源（例如，在表示来自多个并发状态的汇合中），同样也可以有多目标状态（例如，在表示发往多个并发状态的分支中）。

通常，转换主要分为内部和外部转换两种。外部转换是一种改变活动状态的转换，它是最普通的一种转换。它是用从源状态到目标状态的箭头表示，其他特性则附加在箭头旁。而内部转换是一种只有源状态没有目标状态的转换。由于没有目标状态，因此转换引发的结果并不改变活动状态。如果内部转换带有活动，它同样会被执行，但不会改变状态，因此入口和出口活动不会执行。内部转换适用于对不改变状态的中断类情况进行建模（例如，记录事件的发生次数或显示一个帮助窗口）。

示例 3.1.5 要确保诚信管理论坛系统的安全性，通常在进入系统时需要进行安全验证，即在进入时需要客户提供正确的账户和口令，才能使用系统功能。请画出系统登录流程中的口令录入状态。

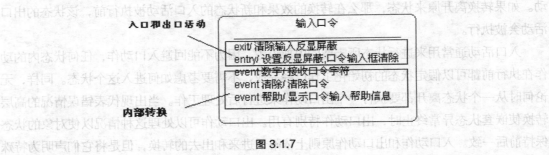

图 3.1.7

图 3.1.7 显示的口令输入状态是系统登录状态图中的一个状态，它里面包含了入口状态和出口状态，表示系统进入到输入口令的状态时会执行反显模式设置（就是不显示或用"★"替代口令字符显示）和口令框内清除，当口令输入完毕需要转发出去时，会执行恢复正常的反显模式。而在输入口令内部又存在多个内部转换，如接收口令字符、当输入错误时的口令清除和帮助。这些内部转换是不会导致该状态的转换，它们的事件触发仅仅是因为内部的事件。

3.1.4 状态图

状态图（Statechart Diagram）是 UML 中对系统的动态方面进行建模的 5 种图之一。状态图显示了状态机。活动图是状态图的一个特例，状态图中的多数状态是活动状态，而且所有或多数转换是由源状态中的活动完成触发的。因此，活动图和状态图是对一个对象的生命周期进行建模，是描述对象随时间变化的动态行为。活动图显示的是从活动到活动的控制流，状态图则显示的是从状态到状态的控制流。

1．状态图的用途

状态图用于对系统的动态方面建模。动态方面是指出系统体系结构中任一对象按事件排序的行为，这些对象可以是类、接口、构件和节点。当使用状态图对系统建模时，可以在类、用例、子系统或整个系统的语境中使用状态图。如：学校在投资建设一个计算机实验机房时，为确保在支付购建费之前能预见投资是正确的，学校会为这个项目设立清晰的里程碑，而每一个里程碑对应实验室建设中的某些活动的完成，如机房的装修、实验机的购置等，并且仅在当前阶段完成并满意后，下一阶段的资金才会支付给建造方。这样对学校来说，跟踪机房建设状态的变化比跟踪建设过程活动要更加重要，而对于建造方来说，通过工具对工程项目的工作流建模就变得比较重要了。

在对一个软件系统建模时，会发现描述对象的行为最自然、最直接的方法是着眼于从状态到状态的控制流，而不是着眼于从活动到活动的控制流。对于后者可以用流程图来描述，但对于复杂系统或需要不间断工作的系统，如：报警系统，它不仅需要不间断工作，而且要求对来自外部事件做出反应（如：小偷进入等）等来说，对它的各稳定状态（如：空闲、监测和报警等）建模，对触发从状态到状态变化的事件建模和对每个状态改变时发生的动作进行建模是最好的说明。

通常，在对系统建模时，什么情况下使用状态图？根据状态图在 UML 中的定义，对反应型对象建模一般使用状态图。所谓的反应型对象是指其行为通常是由对来自外部的事件做出反应来最佳刻画的。反应型对象通常具有如下特点：

（1） 响应外部事件，即来自对象外部的事件；

（2） 具有清晰的生命周期，可以被建模为状态、迁徙和事件的演化；

（3） 当前行为和过去行为存在着依赖关系；

（4） 在对某事件做出反应后，它又会变回空闲状态，等待下一个事件。

虽然状态图和活动图都可以对系统的动态方面建模，但活动图强调对有多个对象参与的活动过程建模，而状态图更强调对单个反应型对象建模。在 UML 建模过程中，状态图是非常必要的，它能帮助开发人员理解系统中对象的行为。后面将要介绍的类图和对象图则只能展现系统的静态层次和关联，并不能表达系统的行为。

2．状态图的建模技术

使用状态图的最常见的是对反应型对象，尤其是对类、用例或整个系统的实例的行为建模。交互是对共同工作的对象集的行为进行建模，而状态图是对一个单独的对象在它的生命周期中的行为建模，如对图书馆管理系统中的借书用例的行为建模可以采用状态图。它是对事件的控制流建模。

当要对反应型对象的行为建模时，需要描述 3 个方面的内容，即：对象可能处于的稳定状态、触发状态转换的事件和状态改变时发生的动作。稳定状态代表对象能在一段事件内被识别。当事件发生时，对象从一种状态转换到另一种状态，这些事件可以是外部的也可以是内部自身的转换。在事件或对状态的变化过程中，对象是通过执行一个动作来做出响应的。

使用状态图对系统反应型对象建模时，应遵循如下策略：

（1）选择状态机的语境（即建模对象），不管它是类、用例或是整个系统；

（2）选择这个对象的初态和终态。为了指导模型的剩余部分，可能要分别地说明初态和终态的前置条件和后置条件；

（3）考虑对象可能在其中存在一段时间的条件，以决定该对象所在的稳定状态。从这个对象的高层状态开始，然后考虑它的可能的子状态；

（4）在对象的整个生命周期中，决定稳定状态的有意义的顺序；

（5）决定可能触发从状态到状态的转换的事件，将这些事件建模为触发者，它触发从一个合法状态序列到另一个合法状态序列的转换；

（6）把动作附加到这些转换上，并且附加到这些状态上；

（7）考虑通过使用子状态、分支、汇合和历史状态，来简化状态图；

（8）核实所有的状态都是在事件的某种组合下可达的；

（9）核实不存在死角状态，即不存在那种不能转换出来的状态；

（10）通过手工或使用工具跟踪状态机，核对所期望的事件序列以及它们的响应。

示例 3.1.6 对电话工作的行为建模。

我们知道电话机通常在未接打电话时是处于待机状态（idle），当用户开始拨打电话时，电话机就进入了拨号状态（dialing）。如果呼叫成功，即电话机接通，电话机就处于通话状态（talking）；如呼叫失败，则停止呼叫，重新进入空闲状态（idle）。当有电话接入时，电话机首先会进入响铃的状态；如果用户接听电话（pick up），电话机就转入通话状态（talking）；如拒接来电（refused），电话机又回到空闲状态，其工作的状态如图 3.1.8 所示。

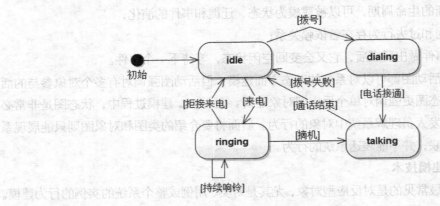

图 3.1.8

示例 3.1.7 酒店管理系统往往需要对酒店中的餐桌状态进行管理，从酒店经营管理上来看，餐桌主要会有空闲、用餐、桌面清扫和被预订这 4 种状态，这 4 种状态之间的转换如图 3.1.9 所示。

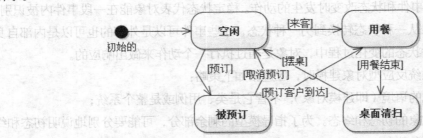

图 3.1.9

任务解决

通过对上述知识的学习，使我们了解到如何运用状态图对诚信管理论坛系统中的用户校验行为进行动态建模。

分析：诚信管理论坛系统为确保论坛信息安全，用户在查看帖子，发帖，回复帖子之前必须要登录系统，系统需要对用户身份进行校验。在诚信管理论坛系统中，用户校验通常在以下几种工作状态中转换：未登录，校验失败，校验码校验，用户名校验，用户口令校验和用户权限校验。它们之间的转换的主要事件为：

（1）未登录的用户通过登录功能成为系统中在线用户；

（2）在输入用户信息之后，从未登录状态进入校验码校验状态；

（3）在校验码校验状态中，当校验通过时转入用户名校验状态，否则转入校验失败状态；

（4）在用户名校验状态中，当校验通过时将转入用户口令校验状态，否则转入校验失败状态；

（5）在用户口令校验状态中，当口令校验成功时转入用户权限校验；

（6）用户权限校验状态主要是对用户是否具有操作业务功能的权限进行判别；

（7）校验失败状态是在显示校验失败信息之后返回未登录状态。

绘制状态图的步骤如下。

（1）启动 EA 工具，打开前面初步构建的 UML 模型文件。

（2）打开 EA 中的项目浏览器窗口，选择用例建模包中的"登录"用例，如图 3.1.10 所示。

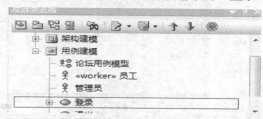

图 3.1.10

（3）右键单击"登录"用例，在弹出来的菜单中选择"添加→状态机器"项，创建状态图。如图 3.1.11 所示。

图 3.1.11

（4）在工具栏中选择添加新元素工具按钮，单击新建元素图标（如图 3.1.12 所示）后，在状态图中适当位置上单击鼠标左键，EA 将弹出新建元素特性设置对话框，在对话框中可以输入状态名等信息，当特性设置完毕，单击"确定"按钮，即完成向状态图添加元素的操作，如图 3.1.13 所示。

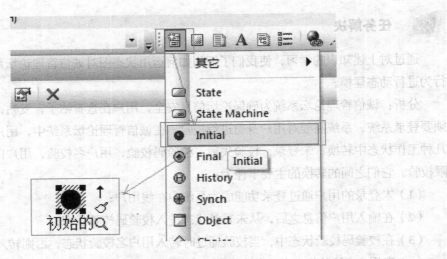

图 3.1.12

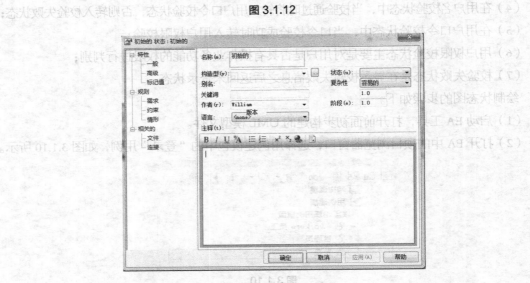

图 3.1.13

（5）如图 3.1.12 所示操作方法，在添加新元素工具档中选择 "State" 项，向状态图添加状态，依次将状态图中的所有状态创建出来，如图 3.1.14 所示。

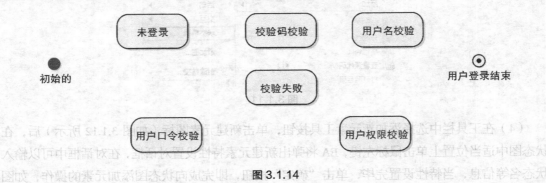

图 3.1.14

（6）根据分析中的描述，通过事件将不同的状态进行关联，最终完成如图 3.1.15 所示的状态图。

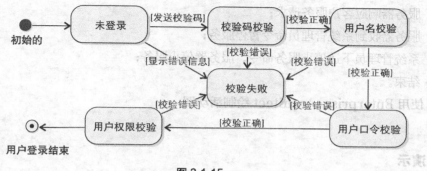

图 3.1.15

 精练

请根据本节所学的知识解决项目中的任务 2。

分析：由前面章节对诚信管理论坛系统中有关帖子管理的描述和分析可知，帖子共存在新帖，已审核，已回复，已删除 4 种状态及激活相互转换的事件。

绘制状态图：请根据分析，运用 UML 绘制帖子管理的状态图。

3.1.5 技能提升——在线聊天系统服务器运行状态建模

 任务布置

根据在线聊天系统（J—QQ）开发进度，在完成对系统的需求建模，得到用例模型后，应针对每个用例进行业务分析，说明其具体的业务流程，现系统分析部指派你来完成该项任务，要求用状态图来描述系统中服务器运行状态，进行动态建模：

1. 描述服务器管理用例
2. 绘制服务器状态图

 任务实现

在绘状态图之前，我们需要先分析服务器管理对应的具体业务执行情况，然后再根据流程绘制状态图。下面以在线聊天系统（J—QQ）中的服务器运行情况为例进行任务实现以下几点。

1. 确定服务器管理的业务流程

服务器端运行流程如下：

（1）在服务器管理端，启动服务器；

（2）服务器启动成功，进入侦听接收客户服务请求；

（3）服务器响应客户服务请求；

（4）服务器收到系统管理员命令暂停服务；

（5）系统管理员下达停止服务命令，服务器停止服务；

（6）结束。

2．使用 Enterprise Architect 绘制活动图

 演示

目标：

- 提高学生的表达能力、语言应用能力和自信力；
- 展示所完成的任务。

要求：

- 普通话应尽可能标准流畅，不得使用方言；
- 需要结合本模块的重点进行讲解相关模块的实现。

小结

本节我们学习了如下内容。

1．事件

所谓的事件（Event），是指对一个在时间和空间上占据一定位置的有意义的事情的规格说明。也就是指发生的且引起某些动作执行的事情。在状态图中，使用事件来描述一个激励的产生，激励能够触发一个状态的转换。事件包括信号、调用、时间推移或状态改变。

2．状态

状态（State）是指在对象的生命周期中满足某些条件、执行某些活动或等待某些事件时的一个条件或状况。状态是由 5 个部分组成：

（1）名称（name）；

（2）进入/退出动作（entry/exit action）；

（3）内部转换（internal transition）；

（4）子状态（substate）；

（5）延迟事件（deferred event）。

3．转换

转换（Transfer）是两个状态间的一种关系，表示对象将在当前状态中执行动作，并在某个特定事件发生而某个特定的条件满足时进入后继状态。当状态发生这样的转变时，转换被称为

激活。在转换激活之前，称对象处于源状态；激活后，称对象处于目标状态。转换由 5 部分组成：

（1）源状态（source state）；

（2）事件触发（Event trigger）；

（3）监护条件（guard condition）；

（4）动作（Action）；

（5）目标状态（target state）。

4．状态图

状态图（Statechart Diagram）是 UML 中对系统的动态方面进行建模的 5 种图之一。状态图显示了状态机。活动图和状态图是对一个对象的生命周期进行建模，描述对象随时间变化的动态行为。活动图显示的是从活动到活动的控制流，状态图显示的是从状态到状态的控制流。

3.2 类

 内容提要

前面章节介绍了外部对象和系统的交互及业务流程的初步动态建模，本节将对内部进行静态建模。而静态模型主要是通过类和类图来描述系统的内部结构。所谓的类（Class）是对一组具有相同属性、操作、关系和语义的对象的描述。在面向对象系统中主要是通过类来捕获系统中的名词。我们可以用类来描述软件和硬件事物，甚至也可以用类描述纯粹概念性的事物。本节主要内容如下：

● 类

● 类的属性

● 类的操作

● 类成员的存取控制

 任务

通过前面章节的学习，完成了对诚信公司管理论坛系统的需求的初步分析，得出系统的用例图、相应的活动态和状态图。通过这两类图我们可以初步了解系统的业务处理流程。现在需要对系统进行静态建模，这就需要从系统的用例图、活动图和状态图去寻找和发现类。请运用本节所学的有关如何抽象出类的知识，完成如下任务：

寻找和抽象出管理论坛系统中的实体类、边界类和控制类。

3.2.1 类

通常对系统建模将会涉及到如何识别业务系统中的事物，这些事物构成了整个业务系统。例如，我们正在制造一台计算机，那么显示器、CPU、内存、主板等对于操作员来说就是重要的事物。这些事物是有着本质区别的，他们有自己的特性集。如：显示器有屏幕的尺寸、显示点距，而 CPU 有指令集、Cache 容量、运算位数等特性。而这些很少作为个体单独存在，因此必须要考虑怎样把这些事物的具体实体组合在一起。识别事物和选择它们之间要建立的关系将会受到计算机工作环境、计算机应用领域等方面因素的影响。

用户所关心的事物各不相同。例如，系统设计人员对软件架构感兴趣，程序员对开发工具、程序设计语言感兴趣，而对于图书馆管理员来说，就不会关心这些东西，他们只会关心管理系统的功能能否满足工作的需要，如：有没有借还书、预约功能等。在 UML 中，都是通过类元素来描述这些事物。所谓的类（class）是对一组具有相同属性、操作、关系和语义的对象的描述。类是对事物的抽象。它不是个体对象，而是描述一组对象的完整集合，这样我们可以把 CPU 类看作是所有具体 CPU 的抽象，它具有 CPU 的共同属性，如：主频、指令集、Cache 容量、运算位数、功率等。也可以考虑 CPU 的某个具体实例，如："Intel 的 P4 处理器"。

在 UML 中为类提供了图形表示，如图 3.2.1 所示诚信管理论坛系统中的回帖类。这种可视化的抽象表示，使得我们对类的描述脱离了具体编程语言，而只需要强调抽象的主要部分。类主要是由名称、属性和操作组成。

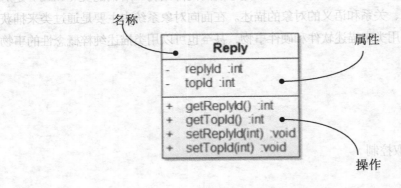

图 3.2.1

1．类名称

类必须各自有不同的类名称。类名称（name）是一个字符串。单独的名称为简单名（simple name）如图 3.2.1 所示。还有一种用类所在包的名称作为前缀的类名称作路径名（path name），例如，设回帖类属于数据表包中的类，则其类的路径名为"数据表：：Reply"。类名可以由数字、字母和下划线等符号组成，类名的长度没有限制。例如，顾客类可以用 Customer 作为类名。

2．属性

属性（attribute）是已被命名的类的特性，它描述了该特性的实例可以取值的范围。类可以有任意数目的属性，也可以没有属性。属性描述了正被建模的事件的一些特性，这些特性是类的所有对象所共有。例如，所有的 CPU 都有主频率、指令集类型、运算的位算和外观尺寸；同样也可以用这种方式对书建模：每本书都有书名、作者、ISBN 和出版社。因此，属性是对类的对象可能包含的一种数据或状态的描述。在某一时刻，类的对象将会对属性赋予特定值。在 UML 中的类图形中，将属性放在类名下面的栏中。可以仅显示属性的名称，如图 3.2.2 所示。为进一步地详述属性，还可以在声明类的属性时指定其缺省初始值，如图 3.2.3 所示。属性描述的一般语法格式为

　　可见性　属性名:类型名　=　初值　{特性串}

　　其中属性名和类型名是必备的，其他部分可根据需要取舍。属性名和类型名之间用冒号分隔，属性的默认值可由随后的初值给出。最后是一特性串，在 UML 中定义了 3 种可以用于属性的特性。

　　（1）可变（changeable）：对修改属性的值没有约束。

　　（2）只增（addOnly）：对于多重性大于 1 的属性，可以增加附加值，但一旦被创建，就不可以对值进行消除或改变。

　　（3）冻结（frozen）：在初始化对象后，就不允许改变属性值。

图 3.2.2

图 3.2.3

3．操作

　　属性仅仅表示了需要处理的数据，对数据的具体处理方法则是通过操作来描述的。所谓的操作（Operation）是服务的实现，该服务可以由类的任何对象请求以影响其行为。也就是说，操作是能对对象所做事情的抽象，它说明了该类能做些什么工作。它只能作用于该类的对象上。同样类对其操作的数目是没有限制的。例如，书类 Book 的所有对象都有查询它们特性的方法。调用对象中的操作通常会改变其某些属性的值或状态。在 UML 中把操作序列放在类属性下面的栏中，如图 3.2.4 所示。通过一些特征标记来描述操作，这些特征标记包括形参的名称、类型和默认值，如果是函数还可以指定它的返回类型。其标准语法格式为：

可见性 操作名（参数表）:返回值｛特性串｝

其中可见性和操作名是不可缺少的。操作名、参数表和返回值类型统称为操作的标记（signature），操作标记描述了使用该操作的方式，操作标记必须是唯一的。需要注意的是操作只能应用于该类的对象，例如，drive()只能作用于小汽车类的对象。同样在 UML 中为操作提供了 4 种特性。

（1）查询（isQuery）：本操作的执行不会改变系统的状态。

（2）顺序（sequential）：调用者必须协调好外部的对象，以保证在一个对象中一次仅有一个流。在多控制流的情况下，不能保证对象的完整性。

（3）监护（guarded）：在多控制流的情况下，通过将对象的监护操作的所有调用，进行顺序化来保证对象的完整性。其效果是一次只能调用对象的一个操作。

（4）并发（concurrent）：在多控制流的情况下，通过把操作作为原子操作来确保对象的完整性。对来自并发控制流的多个调用只能作用于一个对象，而且所有操作都可以用正确的语义并发进行；并发操作必须设计成在对同一个对象同时进行顺序的或监护的操作的情况下，仍能正确地执行。

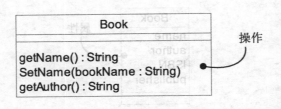

图 3.2.4

3.2.2　类成员的可见性

通常对象有很多属性，但对于外部对象来说某些属性应该隐藏不能被直接访问。例如，对于用户来说，他到管理论坛中阅读、回复帖子不需要了解管理论坛的具体管理流程，但是他希望能够查看、回复帖子。那么诚信管理论坛就应该提供：查询，阅读，回复帖子，发表帖子等功能。这种特性在 UML 中称为可见性。目前 UML 中可描述以下 3 种可见性。

（1）公有（Public）：对于给定的类元，任何外部类对象都可以访问该种特性的类成员属性和成员函数。在类中通常用"＋"表示。

（2）受保护（Protected）：任何子类，都可以使用这种特性的成员属性和成员函数。在类中通常用"＃"表示。

（3）私有（Private）：只有类本身能够使用的特性。通常用"－"表示。

图 3.2.5 显示了一个类 Tip（帖子类）的公有、受保护和私有的属性。

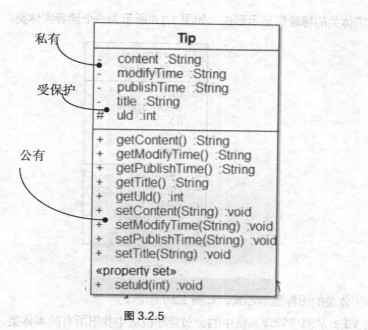

图 3.2.5

当表示类成员特性的可见性时，一般要隐藏它的所有实现细节，只显露对于实现该抽象的必要特性。这是信息隐藏的基础，这对于建造坚固而有弹性的系统是很重要的。如果没有指明其可见性，通常默认其为公有特性。

3.2.3 类的类型和类的寻找

我们通常用类来对试图解决的问题进行封装。而常用的方法是从用例视图当中去寻找。从用例的事件流开始，查看事件流中的名词以获得类。通常类可以分为 3 种类型：实体类（entity）、边界类（boundary）和控制类（control）。

1. 实体类

实体类（entity）是对系统中需要存储的信息和其信息的行为建立模型。实体类具有永久的特性，这类似于数据库中的表一样用于保存系统的业务信息。例如，在图书馆管理系统中，读者（reader）就是一个典型的实体类。在事件流和后面章节中将要介绍的交互图中，实体类对用户来说是最有意义的类，它是直接描述用户需要处理事物的一个抽象，在建模时通常用业务领域术语来对这种类命名。在 UML 中，实体类的构造类型（stereotype）被设定为 entity。

示例 3.2.1 从图书馆管理系统中的读者管理模块中找出所有的实体类。

分析：图书馆管理系统中的读者管理业务主要处理的信息是读者的相关信息。也就是说读者信息是需要持久存储的，因此可以将读者抽象成一个实体类。

在描述读者时，通常从姓名（name）、性别（sex）、编号（ID）、所属系部（department）、年龄（age）等特性来描述，因此我们通常将这些特性抽象成读者类的属性，同时为了保证读者信息的屏蔽性，我们通常将这些属性的可见性设置为私有（Private）。而要获取读者的这些信息就必须提供相应的读取函数。

绘制类图如下。

（1）实体类的标题框显示形式，如图 3.2.6 所示为一个读者实体类。

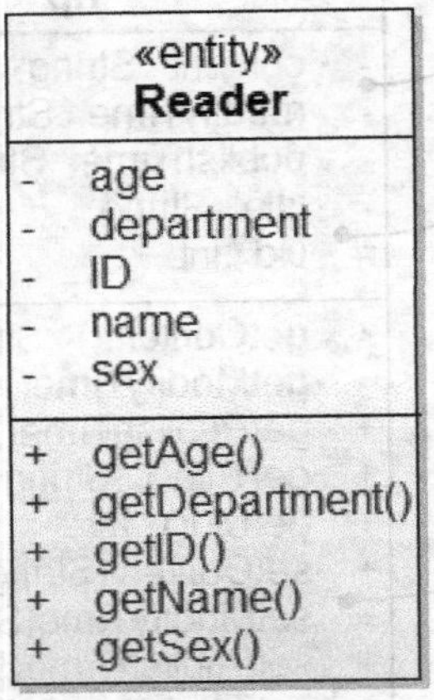

```
      «entity»
      Reader

  -   age
  -   department
  -   ID
  -   name
  -   sex

  +   getAge()
  +   getDepartment()
  +   getID()
  +   getName()
  +   getSex()
```

图 3.2.6

（2）实体类的图标显示形式，如图 3.2.7 所示。

<u>示例 3.2.2</u> 从酒店管理系统中的会员管理模块中找出所有的实体类。

分析：酒店管理系统中的会员管理业务主要处理的信息是会员的相关信息。也就是说会员信息是需要持久存储的，因此可以将会员抽象成一个实体类。

在描述会员时，通常从姓名（name）、性别（sex）、会员编号（ID）、密码（pwd）、电话（tel）等属性来描述，因此我们通常将这些特性抽象成会员类的属性，同时为了保证会员信息的屏蔽性，我们通常将这些属性的可见性设置为私有（Private）。而要获取会员的这些信息就必须提供相应的读取函数。

Reader

图 3.2.7

绘制类图如下。

（1）实体类的标题框显示形式，如图 3.2.8 所示。

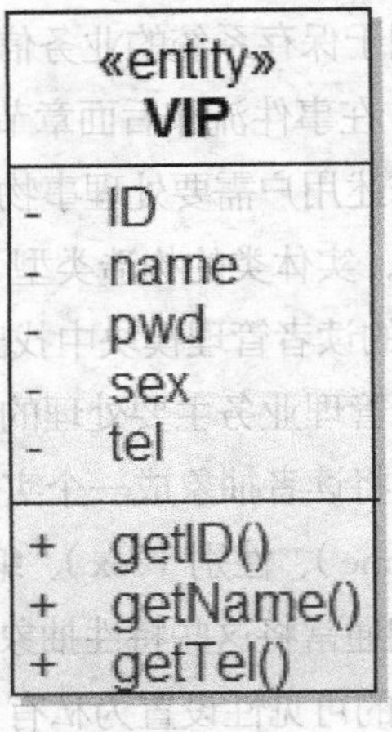

```
      «entity»
      VIP

  -   ID
  -   name
  -   pwd
  -   sex
  -   tel

  +   getID()
  +   getName()
  +   getTel()
```

图 3.2.8

（2）实体类的图标显示形式，如图 3.2.9 所示。

图 3.2.9

<u>练习 3.2.1</u> 请找出学籍管理系统中的学生管理模块中的实体类（主要对学生进行抽象）。

2．边界类

边界类（boundary）位于系统与外界的交接处，它在一个或多个角色和系统之间建立相互作用的模型。可以使用边界类来捕获一个用户界面的需求。边界类可以是窗口、打印机接口、传感器和终端。要寻找和定义边界类，可以检查用例图。每个角色（Actor）和用例交互至少要有一个边界类。边界类使角色能与系统交互。在 UML 中，边界类的构造类型（stereotype）被设定为 boundary。

<u>示例 3.2.3</u> 从图书馆管理系统中的读者管理模块中找出所有的边界类。

分析：读者管理模块主要有新增、修改和删除读者功能。而这 3 个功能的实现是由角色和与系统交互的相应界面来驱动的，因此该模块至少具有 3 个边界类，即：新增界面（NewReaderFrame）、修改界面（ModifyReaderFrame）、删除界面（DeleteReaderFramer）。它们为系统与角色之间提供了交互的界面，通过它们就可以实现内、外部系统协作，完成相应的功能。

绘制类图如下。

（1）标题框显示模式，如图 3.2.10 所示。

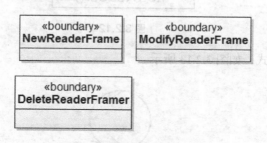

图 3.2.10

（2）图标显示模式，如图 3.2.11 所示。

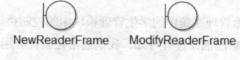

图 3.2.11

练习 3.2.2 请找出学籍管理系统中的学生管理模块中的边界类。(主要是对学生信息管理的交互类。)

3．控制类

控制类（control）负责协调其他类的工作，它建立了一个或几个用例的行为模型，例如，在使用 QQ 聊天系统时，需要有判断登录是否合法的验证程序，这个验证程序所在的类就称为控制类，它通过协调登录边界类与用户信息实体类来完成登录的工作。它整理系统的行为并描述一个系统的动态特性，处理主要的任务和控制流。每个用例通常都有一个控制类、控制用例中的事件顺序。也存在多个用例共享同一个控制类。在 UML 中，控制类的构造类型（stereotype）是 control。

示例 3.2.4 从图书馆管理系统中的读者管理模块中找出所用到的控制类。

分析：由前述可知读者管理模块主要完成对读者的管理工作，即新增、修改和删除 3 个方面的工作。因此，我们就可以在操作界面（边界类）与读者信息表（实体类）之间创建一个控制类——读者管理类（ReaderManager）来协调完成读者的管理工作。控制类应具有新增、修改和删除 3 个主要成员函数。

描制类图如下。

（1）标题框显示模式，如图 3.2.12 所示。

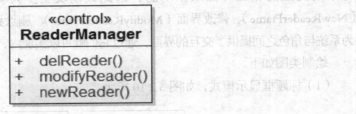

«control»
ReaderManager

+ delReader()
+ modifyReader()
+ newReader()

图 3.2.12

（2）图标显示模式，如图 3.2.13 所示。

ReaderManager

图 3.2.13

练习 3.2.3 请找出学籍管理系统中的学生管理模块中的控制类。

由上述对应用系统对象的抽象过程可知，我们通常在设计应用系统时，首先需要对应用系统进行业务和需求的分析，而分析时主要是运用 UML 图中的用例、活动图和状态图来描述应用系统；然后在这些分析的基础上，抽象出类。通常我们可以通过下面几个方面去寻找。

（1）从事件流中寻找名词或名词词组（或交互图中的对象），将性质相同的归为一类，或性质内容值正负相反的归为一类。

（2）去除不恰当的与含糊的类别，去除应是归类为属性的项目。

（3）给这些类取个合适的名字，在现实系统实现时，可以参照真实系统相关的命名规约。

 任务解决

通过对上述知识的学习，使我们了解到如何在诚信管理论坛系统需求分析的基础上寻找类。

分析：从前述章节对诚信管理论坛系统的业务流程和需求分析得出的用例图和活动图可知，客户端的功能主要有注册、登录、显示版块列表、显示帖子列表、查看帖子、发帖、回帖和登出这 8 个主要功能，这些功能由 3 层组成，即：边界类、控制类和相应的实体信息类。

1. 实体类

（1）用户类——User。

用于存储用户基本信息的实体类，它的属性如表 3.2.1 所示。

表 3.2.1　User 类属性清单

字段名	数据类型	描述
uId	Int	用户编号
uName	String	用户名称
uPass	String	用户口令
head	String	头像图片地址
regTime	DateTime	用户注册时间
gender	Int	用户性别

（2）版块类——Board。

用于表示论坛版块信息的实体类，它的属性如表 3.2.2 所示。

表 3.2.2　Board 类属性清单

字段名	数据类型	描述
boardId	Int	版块编号
boardName	String	版块名称
parentId	Int	父版块编号

（3）帖子内容类——Tip。

由于帖子与回帖信息中存在部分相同的属性，故将帖子与回帖中相同的属性抽象出来成为两者的父类——帖子内容类，它的属性如表 3.2.3 所示。

表 3.2.3 Tip 类属性清单

字段名	数据类型	描述
title	String	帖子标题
content	String	帖子内容
publishTime	DateTime	发布时间
modifyTime	DateTime	修改时间
uId	Int	发帖用户编号

（4）帖子类——Topic。

帖子类主要用于存储发帖的信息，主要包括帖子编号（topicId）和所属版块编号（boardId）两个属性。

（5）回帖类——Reply。

回帖类主要用于存储回帖的基本信息，主要包括回帖编号（replyId）和帖子编号（topicId）两个属性。

为了便于管理，在建模中通常使用包技术对应用系统中的类进行分层管理，这里需要创建实体包——entity 包：用于存放系统实体类。

使用 EA 建模绘制类图的步骤。

（1）打开前面初步构建的 UML 模型文件。

（2）在 EA 中选择"视图→图工具箱"菜单项，打开系统建模元素工具箱窗体，然后在项目浏览器窗口中右击"架构建模"，在弹出的菜单中选择"添加→添加图"项，将会弹出创建新图对话框，如图 3.2.14 所示。在创建新图对话框中选择"UML Structural→Class"项，并输入类图名为"实体类图"。

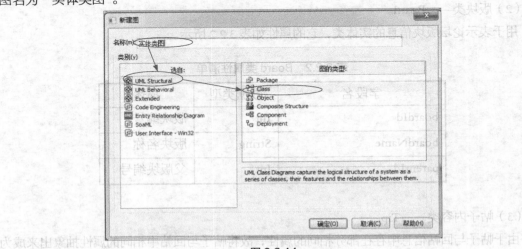

图 3.2.14

（3）单击所创建的"实体类图"，在打开的类图视图中，单击工具箱中的"Package"按钮，

在视图中创建名为 "entity" 的包。如图 3.2.15 所示。

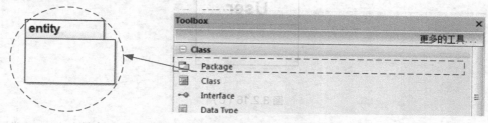

图 3.2.15

（4）双击新建的实体图中 "entity" 包，在打开的包类图中，使用工具箱中的 "Class" 项添加 User 实体类，如图 3.2.16（a）所示，在打开的创建类对话框中输入类名与注释信息，并选择类构造类型为 "entity"，如图 3.2.16（b）所示，输入完毕后，单击 "确定" 按钮，完成类的创建，如图 3.2.16（c）所示。

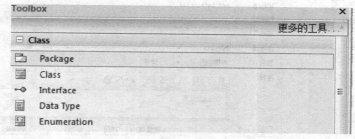

图 3.2.16（a）

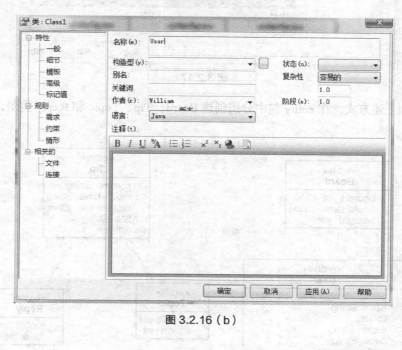

图 3.2.16（b）

图 3.2.16（c）

（5）在创建实体类之后，还需要为该类添加属性与操作，其操作方法是右击 User 类图标，在弹出的菜单中先后选择"属性…"项，在弹出的属性设置对话框中为类添加属性，分别输入属性名称、类型、初始值、作用域等，如图 3.2.17 所示。

图 3.2.17

（6）按照上述方式，在 entity 包中分别创建 Board、Tip、Topic 和 Reply 类图，如图 3.2.18 所示。

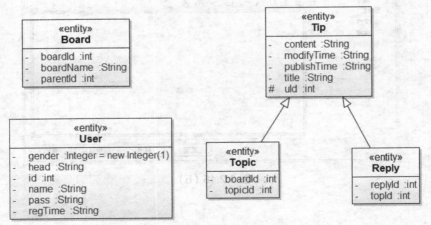

图 3.2.18

2. 边界类

边界类主要是处于用户与系统交界之处，是为用户提供交互的界面，在诚信管理论坛系统中需要有 6 个边界类，如下所示。

（1）版块列表边界类（Index）：用于显示论坛系统的版块列表信息。

（2）帖子列表边界类（List）：用于显示指定版块的帖子列表信息。

（3）帖子信息边界类（Detail）：用于显示帖子详细信息或删除帖子的交互界面。

（4）发帖与回帖边界类（Post）：用于发布新帖子或回帖。

（5）用户注册边界类（Reg）：用于注册新用户的交互界面。

（6）论坛登录边界类（Login）：提供用户登录的交互界面。

为了便于管理，这里需要创建边界包——jsp。使用 EA 绘制论坛系统边界类的方法与创建实体类类似，只是在创建过程中选择类的构造类型时，将构造类型设置为"boundary"，如图 3.2.19 所示。

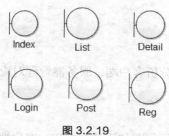

图 3.2.19

3. 控制类

控制类主要是处理界面提交的业务处理，根据诚信管理论坛系统需求分析可知，本系统需要有 8 个控制类，如下所示。

（1）登录控制类（LogonServlet）：用于处理用户登录校验的控制类。

（2）登出控制类（LogoutServlet）：用于处理用户退出论坛系统的控制类。

（3）发布新帖控制类（PostServlet）：用于处理发布新帖的控制类。

（4）帖子编辑控制类（EditTopicServlet）：用于处理对帖子内容修改的类。

（5）回帖发布控制类（ReplyServlet）：用于发布回帖信息。

（6）回帖编辑控制类（EditReplyServlet）：用于编辑已发布的回帖信息。

（7）删除回帖控制类（DeleteReplyServlet）：用于删除指定回帖信息。

（8）新用户注册控件类（RegisterServlet）：用于注册新用户。

图 3.2.20

3.2.4 技能提升——寻找在线聊天系统中的类

任务布置

根据在线聊天系统（J—QQ）开发进度，在完成对系统的需求建模，得到用例模型后，应针对每个用例进行业务分析，说明其具体的业务流程。现系统分析部指派你来完成该项任务，要求用状态图来描述系统中服务器运行状态，进行动态建模：

1. 找出在线聊天系统中的所有实体类
2. 找出在线聊天系统中的所有边界类
3. 找出在线聊天系统中的所有控制类

任务实现

在绘类图之前，我们需要先分析客户端、服务器管理对应的具体业务执行情况，然后再根据流程绘制状态图。

1．客户端模块建模

从在线聊天系统业务功能的用例图和活动图可知，客户端的功能主要有注册功能、客户登录功能、添加/删除好友功能、私聊、群聊、好友上下线提示、用户管理这 8 个主要功能，这些功能是由 3 层组成，即：界面类、控制类和相应的实体信息类。因此，客户端模块可以抽象出如下类。

（1）消息实体类（Message）：用于描述在客户端和服务端间所传递的消息对象，具有发送者（SourceID）、接收者（DestID）、消息类型（Order）、消息内容（ObjMessage）等属性。

（2）用户实体类（User）：用于描述用户信息，通常用户信息具有 QQ 号（ID）、姓名（Name）、密码（Password）、年龄（Age）、性别（Sex）等属性。

（3）登录界面类（LoginUI）：主要用于描述操作登录的操作界面，它属于边界类。

（4）注册界面类（RegisterUserUI）：主要描述用户注册的操作界面，它属于边界类。

（5）客户端主窗体类（ClientMainUI）：主要描述客户端的主界面，它属于边界类。

（6）新增好友界面类（AddFriendUI）：主要描述新增好友操作界面，它属于边界类。

（7）修改用户信息界面类（ModifyUserUI）：主要描述修改用户信息操作界面，它属于边界类。

（8）聊天界面类（ChatUI）：主要描述修改聊天操作界面，它属于边界类。

（9）客户端工作类（Client）：主要处理客户端与服务器的通信，它属于控制类。

2．服务器端模块建模

由在线聊天系统中的服务端需求分析可知，该模块是由用户信息类（UserInfo）、服务类

（Server）、工作线程类（Work）和服务端界面类（ServerUI）4个类组成，各类的作用与描述如下。

（1）用户信息类（UserInfo）：是用户类（User）的子类，其具有特定用户的工作线程属性，属于实体类。

（2）服。类（Server）：服务器主控类，主要负责实现服务端的各种调度功能，它属于控制类。

（3）工作线程类（Work）：服务端的工作线程类，主要负责实现服务端与具体客户端的网络通信，协议解析，是系统功能的真正实现类，它属于控制类。

（4）服务端界面类（ServerUI））：服务端的界面，负责提供管理员控制和监视服务器运行的功能界面，它属于界面类。

3．使用Enterprise Architect绘制活动图

演示

目标：

● 提高学生的表达能力、语言应用能力和自信力；

● 展示所完成的任务。

要求：

● 普通话应尽可能标准流畅，不得使用方言；

● 需要结合本模块的重点进行讲解相关模块的实现。

小结

本节我们学习了如下内容。

1．类（Class）

所谓类（class）是对一组具有相同属性、操作、关系和语义的对象的描述。类是对事物的抽象。类主要是由名称、属性和操作组成。

（1）名称。

类必须各自有不同的类名称。类名称（name）是一个字符串。类名称有两种：一种为简单名（simple name）；另一种用类所在包的名称作为前缀的类名称作路径名（path name）。

（2）属性。

属性（attribute）是已被命名的类的特性，它描述了该特性的实例可以取值的范围。类可以有任意数目的属性，也可以没有属性。属性描述了正被建模的事件的一些特性，这些特性是类的所有对象所共有。属性的一般语法格式：

可见性 属性名:类型名 ＝ 初值 {特性串}

（3）操作。

所谓的操作（Operation）是服务的实现，该服务可以由类的任何对象请求以影响其行为。也就是说，操作是能对对象所做事情的抽象，它说明了该类能做些什么工作。它只能作用于该类的对象上。同样类对其操作的数目是没有限制的。操作的一般语法格式：

可见性　操作名（参数表）:返回值｛特性串｝

2．类成员的可见性

通常对象有很多属性，但对于外部对象来说某些属性应该不能被直接访问，这种特性称为可见性。通常类成员的可见性有：公有、私有和受保护3种。

3．类的类型

通常类可以分为以下3种类型。

（1）实体类（entity）。

实体类是对系统中需要存储的信息和其信息的行为建立模型。实体类具有永久的特性，这类似于数据库中的表一样用于保存系统的业务信息。

（2）边界类（boundary）。

边界类（boundary）位于系统与外界的交接处，它在一个或多个角色和系统之间建立相互作用的模型。

（3）控制类（control）。

控制类负责协调其他类的工作，它建立了一个或几个用例的行为模型，它整理系统的行为并描述一个系统的动态特性，处理主要的任务和控制流。

3.3　类的关系

 内容提要

现实世界中的对象存在着各种各样的关系，例如，特殊与普遍的关系，整体与部分的关系等。在业务系统中通常类是很少单独存在，而是以几种方式相互协作来描述应用系统中的业务。因此，对系统建模时，不仅要识别和寻找类，而且还必须对这些对象如何相互联系建模。在面向对象中，主要有类的关联、依赖、泛化以及使用等关系。本节主要内容如下：

- 类的关联
- 类的泛化
- 类的依赖
- 类的实现

 **任务**

通过前面章节的学习，我们完成了诚信公司管理论坛系统的需求分析，并从中抽象出了类。

我们知道类通常是不会单独存在，而是由关联、泛化、依赖等关系相互协作来静态描述业务系的。因此，我们在找出系统中所存在的类的前提下，需要进一步对业务对象间如何联系进行建模。请运用本节所学的相关知识，完成如下任务：

1. 对论坛管理系统中帖子管理子模块的类关系建模
2. 对论坛管理系统中用户管理子模块的类关系建模

如果你正在制造一台计算机，CPU、主板、内存等这样的事物都可以分别抽象成类。然而这些事物不是单独存在的。CPU 要安装在主板上，磁盘要与主板相连，分别为人们提供计算和存储的功能。由此可知，在这些事物中，不仅能发现结构关系，而且也能发现其他类型的关系。如：计算机肯定有 CPU，但 CPU 的种类可能会有很多。而在 UML 中，事物之间相互联系的方式，无论是逻辑上的还有物理上的，都将被建模为关系。所谓的关系（Relationship），是指事物之间的联系。在面向对象的建模中，有 3 种最重要的关系：依赖、泛化和关联。在图形上，把关系画成一条线，并用不同的线区别关系的种类。

3.3.1 依赖

依赖（dependency）是一种使用关系，它说明了一个事物声明说明的变化可能影响到使用它的另一个事物，但反之未必。也就是说，服务的使用者以某种方式依赖于服务的提供者。例如，在 Windows 系统中的窗体事件（类 Event）的变化将会影响到使用它的窗体（类 Window）。在图形上，把依赖画成一条有向的虚线，指向被依赖的事物。当要指明一个事物使用另一个事物时，就使用依赖。如图 3.3.1 所示，计算机类中的计算（Calc）方法在执行时使用了 CPU 类的对象，故两个类之间存在依赖的关系，也就是说 CPU 类的改变将会影响计算机类的计算性能或计算方式。

图 3.3.1

在 UML 中定义了 4 类基本依赖类型。分别是使用（usage）依赖、抽象（abstraction）依赖、授权（permission）依赖和绑定（binding）依赖。

1．使用依赖

使用依赖是一种非直接的，它通常表示使用者使用服务者所提供的服务来实现它的行为。目前在 UML 中定义了 4 种使用依赖类型，如下所示。

（1）使用（<<use>>）。

使用依赖是最常用的依赖。它声明使用一个模型元素需要用到另一个模型元素的存在，这样才能正确实现目标功能（包括调用、实例化、参数和发送）。也就是说使用依赖表示的是一个元素的行为或实现会影响另一个元素的行为或实现。例如，编译器要求在编译一个类之前需要另一个类的定义。

在进行建模时，有 3 种情况下会产生这种使用依赖：类中的操作参数是另一个类时；类的操作返回值类型是另一个类时和操作实现程序中使用到另一个类时，这 3 种情况一旦出现就会在该类与使用到的另一个类之间存在使用依赖关系。如图 3.3.1 所示的就属于第三种情况的使用依赖，就是在计算机进行计算时需要用到 CPU 类对象。

（2） 调用依赖（<<call>>）。

调用依赖是操作间的依赖，它表明一个类的方法调用其他类的操作。

（3） 发送（<<Send>>）。

它描述的是信号发送者和信号接收者之间的关系。当对一个目标对象分发给定事件的操作时，需要使用发送。发送依赖在效果上是把若干独立的状态机结合在一起。例如，窗体中的按钮控件与单击事件处理类之间就是这种发送依赖。

（4） 实例化（<<instantiate>>）。

它是指一个类的方法创建了另一个类的实例声明，它规定使用者创建目标元素的实例。例如，在图书馆管理系统中新增图书时，图书类会创建若干个书目类。

2．抽象依赖

抽象依赖建模表示使用者和提供者之间的关系，它依赖于在不同抽象层次上的事物。下面给出了 3 种类型的抽象依赖。

（1） 跟踪依赖（<<trace>>）。

它声明不同模型中的元素之间存在一些连接。例如，提供者可以是类的分析视图，使用者则可以是更详细的设计视图，通常系统分析可以用<<trace>>来描述它们之间的关系。

（2） 精化依赖（<<refine>>）。

它声明具有不同语义层次上的元素之间的映射。抽象依赖中的<<trace>>可以用来描述不同模型中的元素间的连接关系，精化依赖则用于相同模型中元素间的依赖。例如，在分析阶段抽象出的图书馆管理员类，以及在设计阶段时这个类细化成更具体的类 Librarian。

（3） 派生依赖（<<derive>>）。

它表明一个实例可以从另一个实例通过计算得到。当对两个属性或两个关联之间的关系建模时（其中的一个是具体的，另一个是概念性的）要使用派生。例如，类 Librarian 可以有属性 Birthday（具体的）和 Age（它可以由 BirthDate 中导出，因此类中不必另外表示）。可以用一个派生依赖表示 Age 和 BirthDate 间的关系，表明 Age 是从 BirthDate 中派生的。

3．授权依赖

授权依赖表达了一个事物访问另一个事物的能力。提供者可以规定使用者的权限，这是提供者控制和限制对其内容访问的方法。下面给出了 3 种类型的授权依赖。

（1） 访问依赖（<<access>>）。

它是包间的依赖，它描述允许一个包访问另一个包的内容。它允许一个包引用另一个包内的元素，但使用者在使用时必须使用路径名称。

（2）导入依赖（<<import>>）。

它与访问依赖概念类似，它也允许一个包访问另一个包的内容并为被访问包的组成部分增加别名。它将提供者的命名空间整合到客户的命名空间，但当客户包中的元素与提供者中的元素同名时，会产生冲突。这种情况下，可以使用路径名或增加别名来解决冲突。

（3）友元依赖（<<friend>>）。

它允许一个元素访问另一个元素，不管访问的元素是否可见，这大大地便利了使用者类对提供者类中的私有成员的访问。但并不是所有的程序语言都支持这种依赖，例如，在C++中是支持的，而Java和C#则不支持。

4. 绑定依赖

它表明对目标模板使用给定的实际参数进行实例化。当对模板类的细节建模时，要使用绑定（<<bind>>）。例如，模板容器类和这个类的实例之间的关系被模型化为绑定依赖。绑定包括一个映射到模板的形式参数的实际参数列表。如图3.3.2所示。

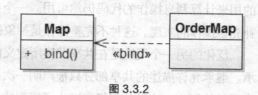

图 3.3.2

3.3.2 泛化

泛化（generalization）是一般事物（称为父类或超类）和较特殊事物（称为子类或孩子类）之间的关系。有时也称泛化为"is-a-kind-of"关系。例如，你可能遇到一般类 Client（用户类）和它的较特殊类 Librarian（管理员类）。通过从子类到父类的泛化关系，子类（Librarian）继承父类（Client）的所有结构和操作。在子类中可以增加新的结构和操作，也可以修改父类的操作。在泛化关系中，子类的实例可以用到父类的实例所应用的任何地方，这意味着可以用子类替代父类。

在 UML 中泛化用从子指向父的箭头表示，指向父的是一个空三角形，如图 3.3.3 所示。多个泛化还可以用箭头线组成的树来表示，每个分支指向一个子类。

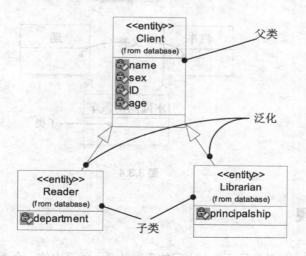

图 3.3.3

泛化有两个用途。第一个用途是用来定义下列情况：当一个变量（如参数或过程变量）被声明承载某个给定类的值时，可使用类的实例，这被称作可替换性原则。该原则表明后代的一个实例可以用于任何祖先被声明的地方。例如，如果一个变量被声明为图书管理员，那么它就可代替用户实例。

泛化使得多态操作成为可能，即操作的实现是由它们所应用的对象的类，而不是由调用者决定的。这是因为一个父类可以有许多子类，每个子类有可以实现同一操作的不同变体，这个操作在整个类的集合中都有其定义。例如，在抵押和汽车借贷上计算利息会有所不同，它们中的每一个都是父类借贷中计算利息的变形。一个变量被声明拥有父类，然后任何子类的对象可以被使用，并且它们中的任何一个都有着自己独特的操作。这一点特别有用，因为在不需要改变现有多态调用的情况下就可以加入新的类。例如，一种新的借贷可以被新增加进来，而现存的用来计算利息操作的代码仍然可用。一个多态操作可以在父类中声明但无实现，其后代类需补充该操作的实现。这种不完整操作是抽象的（其名称用斜体表示）。

泛化的另一个用途是在共享父类所定义的成员的前提下增加自身定义的描述，这被称作继承。继承允许描述的共享部分只被声明一次而可以被许多子类所共享，而不是在每个类中重复声明并使用它，这种共享机制减小了模型的规模。更重要的是，它减少了为了模型的更新而必须做的改变和意外的前后定义不一致。对于其他成分，如状态、信号和用例，也可以通过继承的方法来描述。

在系统建模大多数情况下，类的继承是单独继承，即子类只具有一个父类。但是为了满足某些特殊的要求，在面向对象中采用了多重继承。例如，水陆两用汽车既是汽车又是船，那么在对交通工具进行抽象时，就可认为水陆汽车类既继承了汽车类又继承了船类，这就是多重继承。如图3.3.4所示。

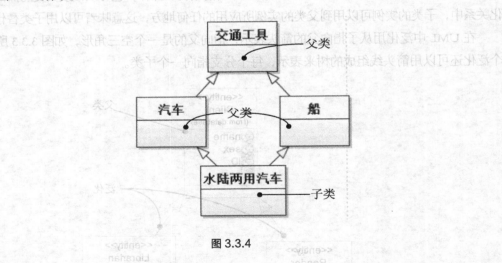

图3.3.4

3.3.3 实现

实现（realization）是类元（类）之间的语义关系，关系中的一个类元（类）描述了另一个类元（接口）实现的契约。也就是说，实现关系中的一个类只具有行为的定义，而具体的结构和行为，则是由另一个类来给出。例如，建造房子时需要安装供人们进出的门，而门又有许多种类，不同种类的门的打开方式是不一样，如：自动门是通过电机驱动自动打开；推拉门是通过推拉来打开等。也就是说不管什么样的门都有相同的行为，即：打开和关闭，但是它们在具体执行时会有所区别。这时我们就可以设计一个门的接口类，其中只对门的相同方法进行定义，不包括具体的实现，具体的实现则由具体的门来实现。如图 3.3.5 所示。在 UML 中，实现关系是用一条带封闭箭头的虚线来表示的，如图 3.3.5 所示，与泛化的符号很相似，这表示实现关系类似于一种继承关系。

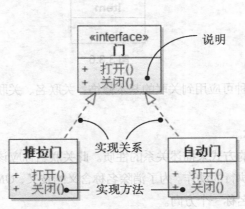

图 3.3.5

实现与泛化关系都可以将一般描述与具体描述联系起来。泛化是将同一语义层上的两个元素连接起来（如：在同一抽象层），并且通常在同一模型内。实现关系将在不同语义层内的元素连接起来（如：一个分析类和一个设计类；一个接口与一个类），通常两种元素建立在不同的模型内。在不同开发阶段可能有两个或多个类的层次结构，这些类等级的元素通过实现关系联系起来。

3.3.4　关联

关联（association）是一种结构关系，它描述了一个事物对象与另一个事物对象的相互联系。例如，类 Library（图书馆类）与类 Book（书类）就是一种一对多的关联，这表明每一个 Book 实例仅被一个 Library 实例所拥有。又例如，在诚信管理论坛系统中，用户可以发表多篇帖子，这样用户与帖子之间就是一种一对多的关联。此外，给定一个 Book，能够找到它所属的 Library，给定 Library，能够找到它的全部 Book。在 UML 中，把关联画为连接相同或不同的类的一条实线。当要表示结构关系时，就使用关联。

示例 3.3.1　请对书与书目之间的关系建模。

分析：由图书馆的书籍管理业务可知，图书信息是对应每种书的信息，而书目则是每一本书的具体信息，例如，图书馆中可能有若干本《UML 教程》，但是它们同属于一种书，这样就可以抽象为两个类，用书类去描述《UML 教程》这本书，而用书目去描述具体的每一本书。而这两者的关系就是一种关联关系。如图 3.3.6 所示。

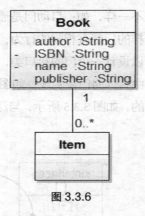

图 3.3.6

在 UML 中，有 4 种可应用到关联的基本修饰：关联名、关联端的角色、关联端的多重性以及聚合。

（1）关联名即名称。

关联可以通过命名的方式来描述关系的性质。此关联名称应该取为动词短语，因为它表明源对象正在目标对象上执行的动作。为了消除名称含义的歧义，UML 中提供了一个指引读者名称方向的三角形，并给名称一个方向。

<u>示例 3.3.2</u> 在图书馆管理系统中的书与书目记录之间是存在着一种关联关系，这种关联关系可以称为"拥有"而名称的方向是指向书目类。如图 3.3.7 所示。

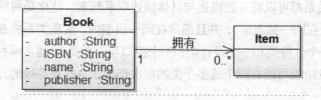

图 3.3.7

（2）角色。

当一个类处于关联的某一端时，该类就在这个关系中扮演了一个特定的角色。它呈现的是对另一端的职责。可以显式地命名类在关联中所扮演的角色。如图 3.3.7 中的 Book 类在这个关联中扮演书的角色，而 Item 类则在此关联中扮演书目条的角色。

（3）多重性。

关联表示了对象间的结构关系。有时在建模时需要说明一个关联的实例中有多少个相互连接的对象。而这个"多少"就被称为关联角色的多重性，通常将其写成表达式或者是具体值，如图 3.3.8 所示。图中的关联指明的多重性，是指一个书的对象可以与 0 条或多条书目对应。也就是说书可以拥有 0 条或多条书目信息。

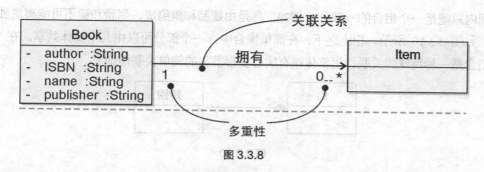

图 3.3.8

由图 3.3.8 可知多重性被表示为用点分隔的区间，每个区间的格式为：minimum..maximum，其中 minimum 和 maximum 分别表示区间中的最小值和最大值。其常见的取值如表 3.3.1 所示。

表 3.3.1 多重性

修饰	语义
0..1	表示 0 个或 1 个
1	表示 1 个
0..*等同于 0..n	表示 0 个或更多
1..*等同于 1..n	表示 1 个或更多
* 等同于 n	表示 0 个或更多

（4） 聚合。

两个类之间的简单关联表示了两个同等地位类之间的结构关系，这意味着这两个类在概念上是同级别的。但在实际建模中，有时往往需要对"整体/部分"的关系进行描述。在这种关系中，其中一个类所描述的是一个较大的事物（即"整体"），它由较小的事物（"部分"）组成。这种关系在面向对象中就称为聚合，它描述了"has-a"的关系，意思是整体对象拥有部分对象。它是一种特殊的关联，在 UML 中被表示为在整体的一端用一个空心菱形修饰的简单关联。例如，在对学校的组织结构进行建模时，学校和系部之间就存在着这种"整体/部分"的关系，因为一所学校里肯定会设置多个系部。如图 3.3.9 所示。

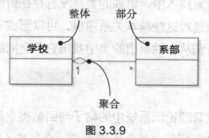

图 3.3.9

（5） 组合。

组合是聚合的一种形式，它具有强的拥有关系，而且整体与部分的生命周期是一致的。带有非确定多重性的部分可以在组合物自身之后创建，但创建后，就同生共死，即整体释放，部分也跟着被释放。也可以在整体死亡之前显式地释放。这意味着在组成聚合中，一个对象在一个时间内只能是一个组合的一部分。例如，鸟是由翅膀和腿组成，翅膀和腿不可能离鸟独立生存的。如图 3.3.10 所示。相比之下，在简单聚合中，一个部分可以由几个整体共享。在 UML 中，组合是一种特殊的关联，用整体端有实心菱形箭头的简单关联修饰它。

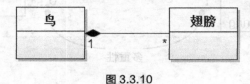

图 3.3.10

（6）导航。

给定两个类（如 Book 类和 Library 类）之间的一个简单的、未加修饰的关联，从一个类的对象能够导航到另一个类的对象。除非另有指定，否则关联的导航是双向的。然而，有些情况要限制导航是单向的。例如，图书馆管理系统中，对象 Librarian（管理员）和 Password 之间有一个关联。给定一个管理员，就需要找到对应的对象 Password，反之不需要成立。通过一个指示走向的单向箭头来修饰这种关联。如图 3.3.11 所示。

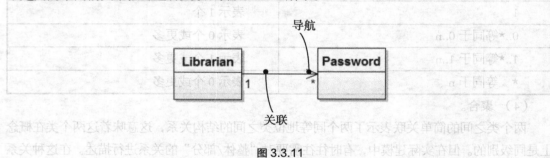

图 3.3.11

任务解决

通过对上述知识的学习，使我们了解到如何对上节所找出的类的相互关系进行建模。

分析：我们知道在面向对象技术中，单独的类是没有存在价值的，因为在现实生活中的对象存在着各种各样的关系。通过对这些基本关系建模，可以形成一个完整的系统关系图。从对诚信管理论坛系统的业务分析和从中抽象出的类中找出它们之间的关系。该模块中的类存在如下关系。

1. 泛化关系

由前述分析可知，在诚信管理论坛系统中的帖子与回帖类之间存在多个相同属性，为提升系统可重用性，将帖子与回帖相同部分抽象出来生成一个父类（Tip），而帖子与回帖类与帖子基本信息之间的关系就是泛化关系，也就是一般与特殊关系。绘制泛化关系的方法如下。

（1）在 EA 中打开诚信管理论坛系统项目工程，在项目工程中创建名为"帖子管理模块"类图。

（2）打开所创建的类图，将项目浏览器窗口中"entity"包的 Tip 类、Topic 类和 Reply 类用鼠标拖曳至类图中，如图 3.3.12 所示。

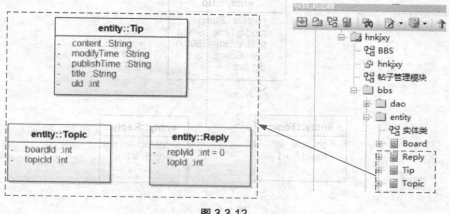

图 3.3.12

（3）在类图中单击 Topic 类，右键单击 Topic 类图标中的"↑"工具（注意：单击到该图标后不要释放右键），从工具中拉出一条连接 Tip 类的关联线，当连接到 Tip 类之后释放右键，系统将会弹出创建关联的菜单，选择"Generalization"项，即完成泛化关系的创建，如图 3.3.13 所示。

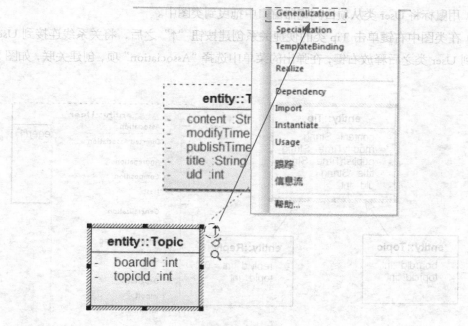

图 3.3.13

（4）依照上述操作方法，在 Reply 类与 Tip 类之间创建泛化关系，如图 3.3.14 所示。

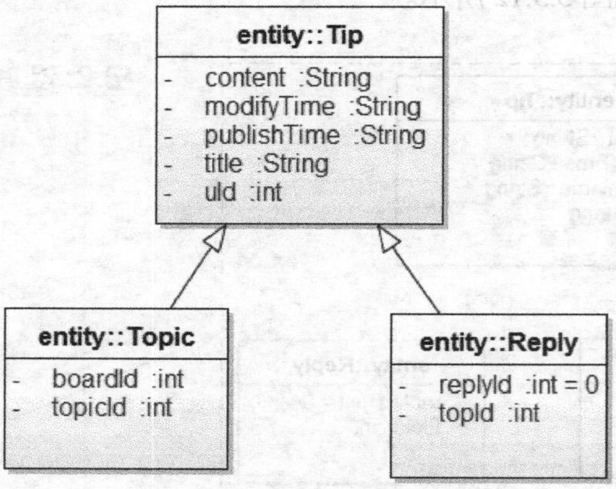

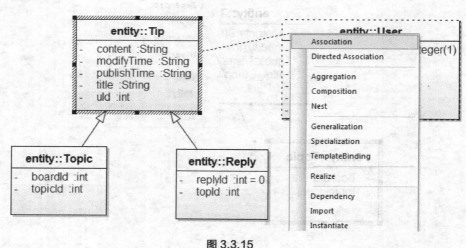

图 3.3.14

2．关联关系

由前述需求分析可知，所有帖子或回帖信息在发布时都是由合法用户发布的信息，这样在用户与帖子信息之间存在一种关联关系，即一篇帖子信息对象只能是一个用户发布的，而一个用户是可以在论坛上发布多篇帖子或是回复多篇帖子。它们之间的关系如下所示。

（1）用鼠标将 User 类从项目浏览器窗口中拖曳到类图中。

（2）在类图中右键单击 Tip 类的便捷关系创建按钮"↑"之后，将关系线连接到 User 类，在连接到 User 类之后释放右键，在弹出的菜单中选择"Association"项，创建关联，如图 3.3.15 所示。

图 3.3.15

（3）设置关系名称与多重性，双击两个类的关系连线，在弹出的设置对话框中选择"一般"项，并在"名称"输入框中输入关联名称为"发表"；然后选择"原角色"项（这里指 Tip 类），并在原角色设置项中设置多重性为"1"；接着选择"目标角色"（这里指 User 类），同时在目标角色设置项中设置多重性为"1..*"项，表示用户多以发表多篇帖子，如图 3.3.16 所示，关联创建之后如图 3.3.17 所示。

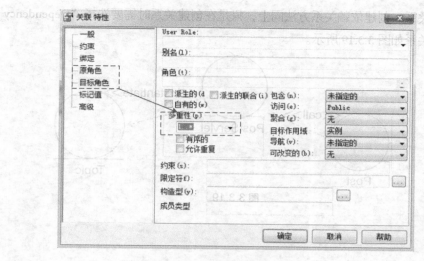

图 3.3.16

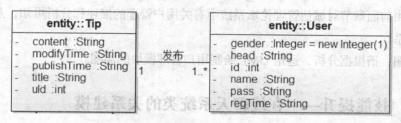

图 3.3.17

3. 组合关系

由诚信管理论坛系统可知，帖子总是附着多个回帖或跟帖的信息，这些回帖是帖子的一个组成部分，同时它会伴随帖子而消灭，在系统中回帖只能属于固定的帖子对象，不能被多个对象所共享，因此这两个类之间的关系就是组合关系。组合关系创建与关联类似从 Reply 类向 Topic 类创建连接，从弹出的关系选择菜单中选择"Composition"项，即完成创建，如图 3.3.18 所示。

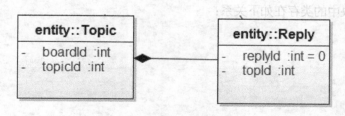

图 3.3.18

4. 依赖关系

在诚信管理论坛系统中要实现对帖子管理，需要有边界类（Post 类）、控制类（PostServlet 类）与实体类（Topic 类）协作完成相应的功能。要实现对帖子发布的功能，边界类对发布功能的实现需要依赖控制类，而控制类需要依赖帖子实体类来实现信息保存与发布，因此这 3 个类之间是依赖关系。创建依赖关系方法同上，只是在创建关系时需要选择"Dependency"项，创建后的关联关系如图 3.3.19 所示。

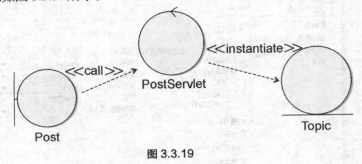

图 3.3.19

请根据本节所学的知识解决项目中的任务 2。

分析：由前面章节对诚信管理论坛系统中有关用户管理的描述和分析可知，系统中各类之间的关联关系。

绘制类图：请根据分析，运用 UML 绘制用户管理模块的类图。

3.3.5 技能提升——在线聊天系统类的关系建模

 任务布置

根据在线聊天系统（J—QQ）的开发进度，在完成对系统类寻找之后，需要对类之间的关联关系进行进一步的建模。通过对这些基本关系建模，就可以形成一个完整的系统关系图。从前述章节对在线聊天系统（J—QQ）的客户端与服务器端分析和从中抽象出的类中找出它们之间的关系。该模块中的类存在如下关系：

1. 关联关系
2. 泛化关系
3. 聚合关系

任务实现

在绘制类图之前，我们需要先分析服务器管理对应的具体业务执行情况，决定类之间的关联关系。

1. 客户端类之间的关联关系

从在线聊天系统的业务需求分析可知，所有的操作界面类都是一个窗口，因此都是 JFrame

（java.swing.Jframe）类的派生类。用户可以同时和多个用户进行聊天，因此 Client 类和 ChatUI 类是一种一对多的关系。

2．服务器端之间的关联关系

服务端类主要由用户信息类（UserInfo）、服务类（Server）、工作线程类（Work）和服务端界面类（ServerUI）4 个类组成，其中用户信息类与用户类（User）之间是泛化关系，服务类和服务端界面类和工作线程类是关联关系，且一个服务类可以同时运行多个工作线程，而一个工作线程与一个用户信息类相关联。

3．使用 Enterprise Architect 绘制活动图

 演示

目标：
- 提高学生的表达能力、语言应用能力和自信力；
- 展示所完成的任务。

要求：
- 普通话应尽可能标准流畅，不得使用方言；
- 需要结合本模块的重点进行讲解相关模块的实现。

小结

现实世界中的对象之间存在着各种各样的关系。为了描述这种对象间的关系，就必须对其进行建模，在面向对象中就体现为类的关系。所谓的关系（Relationship）是指事物之间的联系。在面向对象的建模中，有 3 种最重要的关系：依赖、泛化和关联。在图形上，把关系画成一条线，并用不同的线区别关系的种类。

1．依赖

依赖（dependency）是一种使用关系，它说明了一个事物声明说明的变化可能影响到使用它的另一个事物，但反之未必。在 UML 中定义了 4 类基本依赖类型，分别是使用（usage）依赖、抽象（abstraction）依赖、授权（permission）依赖和绑定（binding）依赖。

2．泛化

泛化（generalization）是一般事物（称为父类或超类）和较特殊事物（称为子类或孩子类）之间的关系。

3．实现

实现（realization）是类元（类）之间的语义关系，在该关系中的一个类元（类）描述了另一个类元（接口）实现的契约。也就是说，关系中的一个类只具有行为的定义，而具体的结构和行为，则是由另一个类来给出。

4. 关联

关联（association）是一种结构关系，它详述了一个事物的对象与另一个事物的对象相互联系。在 UML 中，把关联画为连接相同或不同的类的一条实线。当要表示结构关系时，就使用关联。关联有 4 种可应用到关联的基本修饰：关联名、关联端的角色、关联端的多重性以及聚合。

3.4　交互图

内容提要

通常定义了系统的需求后，就可以用它们来指导对系统的进一步开发。用例的实现描述了相互联系的对象集合，而这些对象支持用例所描述的功能。在 UML 中，用例的实现用交互图来指定说明。交互图是通过表示对象间的关系和处理的消息来对系统的动态特性建模。在 UML 中交互图有 2 种：顺序图和协作图。本节主要内容如下：

● 顺序图
● 协作图

任务

通过前面章节的学习，我们完成了诚信公司管理论坛系统的需求分析，并从业务对象中抽象出了类。现在需要对前面所给出的用例进行实现，而用例的实现主要由交互图来指定和描述系统的动态特性。现在运用本节所学的相关知识，完成如下任务：

1. 对发帖用例进行动态建模
2. 对回帖用例进行动态建模

在业务系统静态模型的基础上，分析和设计系统的动态结构，并且建立相应的动态模型。动态模型描述了系统随时间变化的行为，这些行为是从静态视图中抽取系统瞬间状态的变化来描述的。在 UML 中，动态模型主要是通过交互图和行为图来描述。所谓的交互图（Interaction Diagram）是由一组对象和它们之间的关系构成，其中包括在对象间的传递的信息，它包括顺序图和协作图。

3.4.1　顺序图

顺序图（Sequence Diagram）是强调消息时间顺序的交互图。它是描述系统中类和类之间的交互，将这些交互建模成消息交换，也就是说，顺序图描述了类相互协作的完成预期行为的动态过程。

在 UML 的顺序图中，参与交互的各对象在顺序图的顶端沿 X 轴方向排列，每一个对象的底端都会绘制一条垂直虚线，当一个对象向另一个对象发送消息时，此消息开始于发送对象底部的虚线终止于接收对象底部的虚线，这些消息用箭头表示，水平放置，沿 Y 轴方向排列，在垂直方向上，越靠近顶端的消息越早被发送。当对象收到消息后，它就会把消息当作触发某种动作的事件。因此，顺序图也可以说是向用户提供了随时间推移、清晰和可视的事件流轨迹。

示例 3.4.1 绘制出图书馆管理系统中的用户登录活动的顺序图。

分析：图书馆管理系统的用户登录即是对系统登录用例实现的动态建模，在该活动中，要实现这种活动，就必须包括，管理员角色、登录窗体对象、读者管理对象和读者信息对象。从登录的业务流程的分析可知，该活动的执行的顺序是：

（1）启动登录界面；

（2）录入用户的账号和口令；

（3）校验用户账号和口令；

（4）取出用户账号和口令。

该活动的具体描述如图 3.4.1 所示。

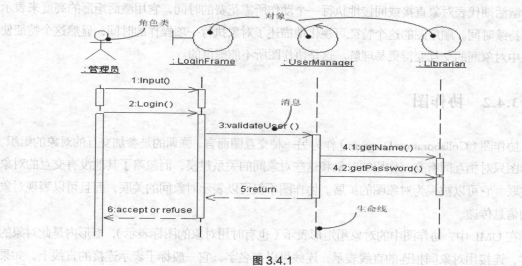

图 3.4.1

由图 3.4.1 可知顺序图是由类角色、生命线、激活期和消息组成。

（1）类角色（Class Role）。

类角色代表顺序图中的对象在交互中所扮演的角色，如图 3.4.1 中所示的管理员角色。它一般代表实际的对象。

（2）生命线（Lifeline）。

生命线代表顺序图中的对象在一段时期内的存在。如图 3.4.1 所示，每个对象底部中心都有一条垂直的虚线，这就是对象的生命线，对象间的消息存在于两条虚线间。

（3）激活期（Activation）。

激活期代表顺序图中的对象执行一项操作的时间。如图 3.4.1 中所示的窄矩形形状。

（4）消息（Message）。

消息是定义交互和协作中交换的信息，用于对实体间的通信内容建模。信息用于在实体间传递信息，允许实体请求其他的服务，类角色通过发送和接收信息进行通信。

通常在对系统动态行为建模时，当强调按时间展开信息的传送时采用顺序图。但是单独的顺序图只能描述一个控制流，而业务系统中的控制流一般是比较复杂的，因此需要创建多个顺序图来描述，这其中一些顺序图用于主流程描述，一些顺序图则用于可选路径或异常描述。

顺序图强调的是按时间展开的消息传送，这在一个用例脚本的语境中对动态行为的可视化非常有效。它与后面将要介绍的协作图相比具有两个方面的不同特征：

（1）顺序图有生命线。

生命线表示一个对象在一段时期内的存在，正是因为这个特性，使顺序图适合对象之间消息的时间顺序。通常情况下，对象的生命线从图的顶部画到底部，这表示对象存在于交互的整个过程，但对象也可以在交互中创建和撤销，它的生命线从接收到"create"创建消息开始到接收到"destroy"销毁消息结束，这是后面将要学习的协作图所不具备的。

（2）顺序图有激活期。

激活期代表对象直接或间接地执行一个动作所需花费的时间，它用激活矩形的高度来表示激活持续时间。顺序图的这个特征可视化地描述了对象执行一项操作的时间，显然这个特征使系统中对象间的交互变得更易理解。这是协作图所不能提供的。

3.4.2　协作图

协作图（Collaboration Diagram）作为另一种交互图而言，强调的是参加交互的对象的组织。协作图只对相互间有交互作用的对象和这些对象间的关系建模，而忽略了其他没有交互的对象和关联。它可以被视为对象图的扩展。协作图不仅可以表示对象间的关联，而且可以表现对象间的信息传递。

在 UML 中，协作图中的对象用矩形表示（也有时用对象的图标表示），矩形内是此对象的名字，连接用对象间相连的直线表示，连线可以有名字，它一般标于表示连接的直线上。如果对象间的连接有消息传递，则把消息的图标沿直线方向绘制，消息的箭头指向接收消息的对象。由于从图形上绘制的协作图无法表达对象间消息发送的顺序，因此需要在消息上保留对应时序图的消息顺序号。

示例 3.4.2 绘制出图书馆管理系统中的用户登录活动的协作图。

分析：在示例 3.4.1 中已经给出了系统登录活动的分析。在 UML 中，顺序图与协作图是可以互相转换的。

转换后的协作图如图 3.4.2 所示。

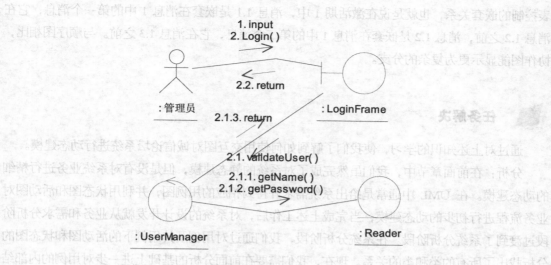

图 3.4.2

从图 3.4.2 协作图中可以看出，协作图是由类角色、关联角色和消息流组成。

（1） 类角色（Class Role）。

类角色代表协作图中对象在交互中所扮演的角色。如图 3.4.2 所示，管理员、Reader 类等都是类角色。它代表参与交互的对象，其命名方式和对象的命名方式一样。

（2） 关联角色（Association Role）。

关联角色代表协作图中连接在交互中所扮演的角色。如图 3.4.2 所示，连接代表关联角色。

（3） 消息流（Message Flow）。

消息流代表协作图中对象间通过链接发送的消息。如图 3.4.2 所示，类角色之间的箭头表明在对象间交换的消息流，消息由一个对象发出由消息所指的对象接收，链接用于传输或实现消息的传递。消息流上标有消息的序列号和类角色间发送的消息。一条消息会触发接收对象中的一项操作。

在对业务系统进行动态建模时，如果按组织对控制流建模，就应该选择协作图。协作图强调交互中对象间的结构关系以及传送的消息。协作图对复杂的迭代和分支的可视化以及对多并发控制流的可视化要比时序图好。

时序图和协作图都可以用于对系统动态方面的建模，而协作图更强调参加交互的各对象的组织。协作图相对于顺序图来言，有两个方面不同的特征：

（1） 协作图有路径。

为了指出一个对象如何与另一个对象链接，可以在链的末端附上一个路径构造型，例如，构造型<<local>>，表示指定对象对发送者而言是局部的。

（2） 协作图有顺序号。

为了描述交互过程中消息的时间顺序，需要给消息添加顺序号。顺序号是消息的一个数字前缀，它是一个整数，由 1 开始递增，每个消息都必须有唯一的顺序号。可以通过点表示法代表控制的嵌套关系，也就是说在激活期 1 中，消息 1.1 是嵌套在消息 1 中的第一个消息，它在消息 1.2 之前，消息 1.2 是嵌套在消息 1 中的第二个消息，它在消息 1.3 之前。与顺序图相比，协作图能显示更为复杂的分支。

 任务解决

通过对上述知识的学习，使我们了解到如何使用交互图对诚信论坛系统进行动态建模。

分析：在前面章节中，我们虽然完成了对系统的静态建模，但是没有对系统业务进行精细的动态建模。在 UML 中通常是给出系统需求并得到相应的用例图，并利用状态图和活动图对业务流程进行初步的动态建模，当完成上述工作后，对系统的设计开发就从业务和需求分析阶段过渡到了系统分析阶段。在系统分析阶段，我们通过对用例及其用例下的活动图和状态图的分析找出了所有的类和类的关系。现在，我们需要在前面分析的基础上进一步对用例的内部结构和行为进行动态建模。

由前面章节对诚信管理论坛系统分析后，给出的用例图可知该模块主要具有发帖、回帖等功能。现在，我们分别对这些用例内部的交互活动进行动态建模。

1. 发帖操作的动态建模

从对新增好友交互操作的描述可知，新增好友是聊天系统的基本功能之一。它是由用户角色、发帖输入页面类（Post）、发帖处理控制类（PostServlet）、帖子数据表操作类（TopicDaoImpl）、帖子类（Topic）组成。

绘图步骤如下。

（1）发帖操作顺序图。

① 用 EA 打开 UML 模型文件，并右击"项目浏览器窗口→用例建模→发布新帖子用例"项，在弹出的菜单中选择"添加→交互→与顺序图"项，完成顺序图的创建操作，如图 3.4.3 所示。

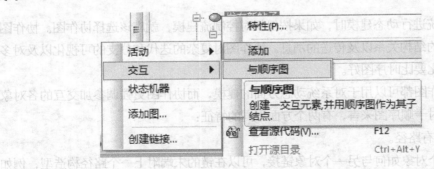

图 3.4.3

② 双击新建的顺序图名称，打开该顺序图，并根据上面对该行为分析的结果分别从项目浏览器窗口中拖曳所有的相关类或角色到顺序图中。操作方法如图 3.4.4 所示。

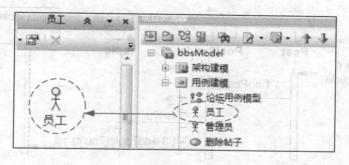

图 3.4.4

③ 将所有的类和角色拖曳到顺序图后，形成图 3.4.5 所示的顺序图。

图 3.4.5

④ 从用户角色出发开始描述业务的交互操作。操作方法是：首先从顺序图的工具条（Interaction Relationships）中选择消息链图标（Message），然后单击员工，拖曳到 Post 类，这样就会创建生命线，形成图 3.4.6 所示的顺序图，最后右击所生成的链，在弹出的消息设置对话框中输入消息名称，表示员工在发帖面上输入帖子信息并单击"发布"按钮事件。

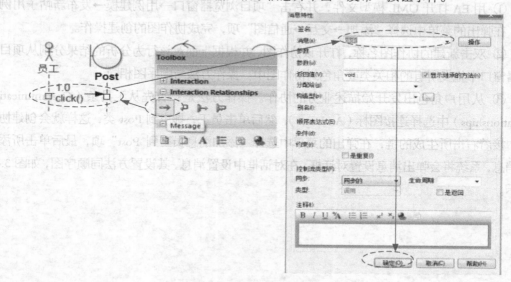

图 3.4.6

⑤根据发帖交互操作的流程，按照上述的绘制方法将该业务的顺序图绘制完毕，如图 3.4.7 所示。

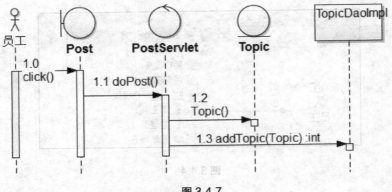

图 3.4.7

由上述的顺序图可知新增好友行为的操作过程如下。

① 用户在发帖页面输入新帖子内容信息完毕之后，单击页面上的"发布"按钮，页面响应单击操作，调用 click 方法，该方法将创建向 PostServlet 类的请求。

② PostServlet 在收到 Post 页面的请求之后，doPost 方法将被执行，在该方法中根据页面发送的请求参数，创建一个 Topic 实例，如顺序图 3.4.7 中的 1.2 步处理过程所示。

③ 当创建新帖子类对象实例之后，将进入 1.3 步就是调用 TopicDaoImpl 类实现将所创建的帖子对象进行持久化保存，也就是通过调用 TopicDaoImpl 类中的 addTopic 方法将帖子对象保存到数据库中。

（2）在动态建模中有两种交互图，一种是上述绘制的顺序图，另一种则是协作图，其绘制步骤如下所示。

① 用 EA 打开 UML 模型文件，并右击"项目浏览器窗口→用例建模→发布新帖子用例"项，在弹出的菜单中选择"添加→交互→通信图"项，完成协作图的创建操作。

② 双击新建的协作图名称，打开该协作图，并根据上面对该行为分析的结果分别从项目浏览器窗口中拖曳所有的相关类或角色到协作图中。操作方法与顺序图相同。

③ 从用户角色出发开始描述业务的协作。操作方法是：首先从工具条（Communication Relationships）中选择连接图标（Associate），然后单击员工，拖曳到 Post 类，这样就会创建协作线，接着右击所生成的链，在弹出的菜单中选择"添加消息员工到 Post"项，最后单击所添加的消息，系统将会弹出消息设置对话框，在对话框中设置消息，其设置方法同顺序图，如图 3.4.8 所示。

图 3.4.8

④ 根据发帖交互操作的流程，按照上述的绘制方法将该业务的协作图绘制完毕，如图 3.4.9 所示。

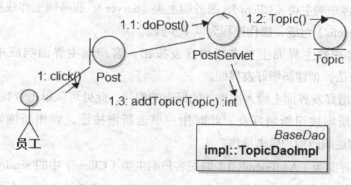

图 3.4.9

精练

请根据本节所学的知识解决项目中的任务 2。

分析：从对回帖交互操作的描述可知，该交互操作的动态建模是由用户角色、回帖页面类（Reply）、回帖处理类（ReplyServlet）、回帖类（Reply）和回帐数据表操作类（ReplyDaoImpl）组成。

3.4.3 技能提升——在线聊天系统类的动态建模

任务布置

根据在线聊天系统（J—QQ）的开发进度，在完成对系统类寻找之后，需要对类之间的关联关系进行进一步的建模。通过对这些基本关系建模，就可以形成一个完整的系统关系图。要描述实现新增好友业务处理过程，就需要使用顺序图与协作图对系统进行分析与设计。

任务实现

在画交互图之前，我们需要先分析新增好友业务执行情况，设计新增好友功能，具体步骤如下。

1．新增好友操作的动态建模

新增好友操作是由用户角色、客户端主界面类（ClientMainUI）、新增好友界面类（AddFriendUI）、客户端主类（Client）、服务端主类（Server）、服务端工作线程类（Work）和用户信息类（UserInfo）组成。操作过程为以下步骤。

① 用户在客户端主界面上单击新增好友按钮，客户端主界面响应单击操作，调用 actionPerformed 方法，创建新增好友界面。

② 用户在新增好友界面上输入欲添加的好友的编号，此处可以单击查找按钮查找用户信息，也可以单击新增按钮新增好友，此时用户单击新增按钮，调用新增好友界面类中的 actionPerformed 方法响应用户单击操作。

③ 新增好友界面类（AddFriendUI）调用客户端主类（Client）中的 sendAddFriend 方法，准备将欲添加的好友信息发往服务端，此时，一方面 Client 类通过 Socket 与服务端（Server）的侦听端口建立连接，服务端 Server 类创建相应的工作线程对象（Work），Work 类调用 receive 方法准备接收客户端发送的 Message 消息对象；另一方面，Client 类调用 addFriend 方法准备发送新增好友消息，最后通过 send 方法，将准备好的新增好友消息对象（Message）调用 writeObject 方法发往服务端，同时调用 receive 方法接收来自服务端工作线程类的返回消息。

④ 服务端工作线程类（Work）通过 receive 方法收到客户端发来新增好友消息对象（Message），通过 chatProtocol 方法解析消息对象，并调用 addFriend 方法实现新增好友操作。

⑤ 服务端工作线程类（Work）在 addFriend 方法中，调用服务端主类（Server）的 addFriend 方法在当前用户（UserInfo）的好友列表中更新好友信息。

⑥ 服务端主类（Server）调用 saveUserDB 方法将好友信息保存到文件中，并将控制权返回给服务端的工作线程类。

⑦ 服务端的工作线程类（Work）调用 sendMessage 方法将返回结果消息调用 writeObject

方法发往客户端，并调用 closeConn 方法关闭网络连接。

⑧客户端主类（Client）通过 receive 方法收到来自服务端的返回消息，将结果返回到新增好友界面通知用户，并调用 closeNet 方法关闭网络连接。

2．绘制描述该操作的顺序图和协作图

 小结

动态模型描述了系统随时间变化的行为，这些行为是从静态视图中抽取系统瞬间状态的变化来描述的。在 UML 中，动态模型主要是通过交互图和行为图来描述。所谓的交互图（Interaction Diagram）是由一组对象和它们之间的关系构成，其中包括在对象间的传递的信息，它包括顺序图和协作图。

1．顺序图

顺序图（Sequence Diagram）是强调消息时间顺序的交互图。它是描述系统中类和类之间的交互，将这些交互建模成消息交换，也就是说，顺序图描述了类相互协作的完成预期行为的动态过程。顺序图是由类角色、生命线、激活期和消息组成。与协作图相比，顺序图具有有生命线和激活期两个特征。

2．协作图

协作图作为另一种交互图而言，强调的是参加交互的对象的组织。协作图只对相互间有交互作用的对象和这些对象间的关系建模，而忽略了其他没有交互的对象和关联。它可以被视为对象图的扩展。协作图不仅可以表示对象间的关联，而且可以表现对象间的信息传递。出协作图是由类角色、关联角色和消息流组成。与顺序图相比，协作图具有路径和顺序号两个特性。

3.5 扩展阅读——面向对象设计

 内容提要

面向对象分析的主要目的是要收集和确定用户的真实需求，其结果是得到一系列由系统分析员和用户共同确认的需求分析模型，来描述系统必须实现"做什么"，同时这一需求分析模型为下一阶段的面向对象设计提供了坚实的基础。面向对象设计的主要目的则是将分析阶段得到的需求分析模型转换为"怎么做"的设计模型，从而为编码阶段提供坚实的设计指南。本节主要内容如下：

- 面向对象设计的任务
- 面向对象设计的准则
- 启发性规则
- 面向对象设计过程

3.5.1 面向对象设计的任务

面向对象分析的主要目的是要收集和确定用户的真实需求，其结果是得到一系列由系统分析员和用户共同确认的需要分析模型，来描述系统必须实现"做什么"，同时这一需求分析模型为下一阶段的面向对象设计提供了坚实的基础。面向对象设计（OOD，Object-Oriented Design）的主要目的则是将分析阶段得到的需求分析模型转换为"怎么做"的设计模型，从而为编码阶段提供坚实的设计指南。虽然采用面向对象方法学也包括类似于传统的结构化方法学中必需的分析模型到设计模型的转换过程，如图3.5.1所示。但是，这一转换过程远没有在结构化方法学中那样明显。面向对象分析模型到设计模型的转换是一个演化过程，两种模型不论在概念上还是表示符号都是相同的，或是后者对前者有所扩充。实际上，面向对象分析与设计之间的界限不是非常清楚，两者往往在某些方面交织在一起。另外，即便是已经进入面向对象设计阶段，很有可能由于设计的深入而必须对分析模型进行适当的修正，这一修正过程很容易，如果采用一些自动化工具甚至有可能自动地反映到需求模型中去。因为现在的大多数软件的开发都具有需求随时间不断改变的特点，所以面向对象分析和设计之间的这种演化的过程非常适应现代软件开发的要求。

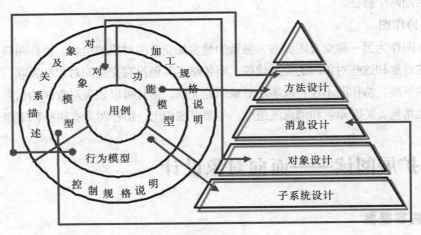

图 3.5.1

（1）对象设计：对象设计对应于传统设计中的数据设计，其主要任务是从分析阶段得到的模型中识别和发现类中的属性。

（2）子系统设计：子系统设计对应于传统设计中的结构设计，其主要任务是根据实际系统的需要，按照系统共享共同特征的实际情况，将整个系统划分为若干个子系统。实际上，传统的软件结构设计中将整个系统划分为若干个模块，也就得到了若干个子系统。一般说来，若干个关系密切的模块可以看作一个子系统。

（3）消息设计：消息设计对应于传统设计中的接口设计，其主要任务是要描述系统内部，系统与系统之间以及系统与用户之间如何通信。接口包含了数据流和控制流等信息。

（4）方法设计：方法设计对应于传统设计中的过程设计，其主要任务是从系统的功能模型和行为模型出发，得到各个类的方法（也称服务）及其实现细节的描述。

虽然，在传统的设计过程中，通常将软件设计阶段分为概要设计和详细设计两个阶段，类似地，也可以再细分为系统设计和对象设计。系统设计确定实现系统的策略和目标系统的高层结构。这里指的对象设计主要是指发现和确定系统中的类与对象，包括设计类的接口和方法，但在面向对象的设计过程中，系统设计与对象设计间的界限不像传统的设计过程那样清晰，已经变得非常模糊，因此本书不再对它们进行区分。同传统的设计过程一样，本节将先讲述面向对象设计过程中的设计准则和启发性规则。

3.5.2 面向对象设计的准则

所谓优秀的设计，就是权衡了各种因素，从而使得系统在其整个生命周期中的总开销最小的设计。对大多数软件系统而言，60%以上的软件费用都用于软件维护，因此，优秀的软件设计的一个主要特点就是容易维护。

本书项目一曾经讲述了指导软件设计的几条基本原理，这些原理在进行面向对象设计时仍然成立，但是增加了一些与面向对象方法密切相关的新特点，从而具体化为下列的面向对象设计准则。

1. 模块化

面向对象软件开发模式，很自然地支持了把系统分解成模块的设计原理：对象就是模块。它是把数据结构和操作这些数据的方法紧密地结合在一起所构成的模块。

2. 抽象

面向对象方法不仅支持过程抽象，而且支持数据抽象。类实际上是一种抽象数据类型，它对外开放的公共接口构成了类的规格说明（即协议），这种接口规定了外界可以使用的合法操作符，利用这些操作符可以对类实例中包含的数据进行操作。使用者无须知道这些操作符的实现算法和类中数据元素的具体表示方法，就可以通过这些操作符使用类中定义的数据。通常把这类抽象称为规格说明抽象。

此外，某些面向对象的程序设计语言还支持参数化抽象。所谓参数化抽象，是指当描述类的规格说明时并不具体指定所要操作的数据类型，而是把数据类型作为参数。这使得类的抽象程度更高，应用范围更广，可重用性更高。

3. 信息隐藏

在面向对象方法中，信息隐藏通过对象的封装性实现：类结构分离了接口与实现，从而支持了信息隐藏。对于类的用户来说，属性的表示方法和操作的实现算法都应该是隐藏的。

4. 弱耦合

耦合指一个软件结构内不同模块之间互连的紧密程度。在面向对象方法中，对象是最基本的模块，因此，耦合主要指不同对象之间相互关联的紧密程度。弱耦合是优秀的设计的一个重要标准，因为这有助于使得系统中某一部分的变化对其他部分的影响降到最低程度。在理想情况下，对某一部分的理解、测试或修改，无须涉及系统的其他部分。

　　如果一类对象过多地依赖其他类对象来完成自己的工作，则不仅给理解、测试或修改这个类带来很大困难，而且还将大大降低该类的可重用性和可移植性。显然，类之间的这种相互依赖关系是紧耦合的。

　　当然，对象不可能是完全孤立的，当两个对象必须相互联系相互依赖时，应该通过类的协议（即公共接口）实现耦合，而不应该依赖于类的具体实现细节。

　　一般说来，对象之间的耦合可分为两大类，交互耦合和继承耦合。

　　（1）交互耦合。

　　如果对象之间的耦合通过消息连接来实现，则这种耦合就是交互耦合。为使交互耦合尽可能松散，应该遵守下列准则。

　　① 尽量降低消息连接的复杂程度。应该尽量减少消息中包含的参数个数，降低参数的复杂程度。

　　② 减少对象发送（或接收）的消息数。

　　（2）继承耦合。

　　与交互耦合相反，应该提高继承耦合程度。继承是基类与派生类之间耦合的一种形式。从本质上看，通过继承关系结合起来的基类和派生类，构成了系统中粒度更大的模块。因此，它们之间应该结合得越紧密越好。

　　为了获得紧密的继承耦合，特殊类应该确实是对它的基类的一种具体化。因此，如果一个派生类摒弃了它基类的许多属性，则它们之间是松耦合的。在设计时应该使特殊类尽量多继承并使用其基类的属性和服务，从而更紧密地耦合到其基类中去。

　　5. 强内聚

　　内聚衡量一个模块内各个元素彼此结合的紧密程度。也可以把内聚定义为：设计中使用的一个构件内的各个元素，对完成一个定义明确的目的所做出的贡献程度。在设计时应该力求做到高内聚。在面向对象设计中存在下述 3 种内聚。

　　（1）服务内聚。一个服务应该完成一个且仅完成一个功能。

　　（2）类内聚。设计类的原则是，一个类应该只有一个用途，它的属性和服务应该是高内聚的。类的属性和服务应该全部是完成该类对象的任务所必需的，其中不包含无用的属性或服务。如果某个类有多个用途，通常应该把它分解多个专用的类。

　　（3）化内聚。设计出的泛化结构，应该符合多数人的概念，更准确地说，这种结构应该是对相应的领域知识的正确抽取。

　　例如，虽然表面看来飞机与汽车有相似的地方（都用发动机驱动，都有轮子，……），但是，如果把飞机和汽车都作为"机动车"类的子类，则明显违背人们的常识，这样的泛化结构是低内聚的。正确的作法是，设置一个抽象类"交通工具"，把飞机和机动车作为交通工具类的子类，而汽车又是机动车类的子类。

　　一般说来，紧密的继承耦合与高度的泛化是一致的。

　　6. 可重用

　　软件重用是提高软件开发生产率和目标系统质量的重要途径。重用基本上从设计阶段开始。

重用有两个方面的含义：一是尽量使用已有的类（包括开发环境提供的类库，及以往开发类似系统时创建的类），二是如果确实需要创建新类，则在设计这些新类的协议时，应该考虑将来的可重复使用性。

3.5.3 启发性规则

人们使用面向对象方法学开发软件的历史虽然不长，但也积累了一些经验。总结这些经验得出了以下几条设计时的启发性规则，它们往往能帮助软件开发人员提高面向对象设计的质量。

1．设计结果应该清晰易懂

使设计结果清晰、易读、易懂，是提高软件可维护性和可重用性的重要措施。显然，人们不会重用那些他们不理解的设计，保证设计结果清晰易懂的主要因素如下。

（1）词一致。应该使名字与它所代表的事物一致，而且应该使用人们习惯的名字。不同类中相似服务的名字应该相同。

（2）使用已有的协议。如果开发同一软件的其他设计人员已经建立了类的协议，或者在所使用的类库中已有相应的协议，则应该使用这些已有的协议。

（3）减少消息模式的数目。如果已有标准的消息协议，设计人员应该遵守这些协议。如果确需自己建立消息协议，则应该尽量减少消息模式的数目，只要可能，就使消息具有一致的模式，以利于读者理解。

（4）避免模糊的定义。一个类的用途应该是有限的，而且应该从类名可以较容易地推想出它的用途。

2．泛化结构的深度应适当

应该使类等级中包含的层次数适当。一般说来，在一个中等规模（大约包含 100 个类）的系统中，类等级层次应保持为 7±2。不应该仅仅从方便编码的角度出发随意创建派生类，应该使泛化结构与领域知识或常识保持一致。

3．设计简单的类

应该尽量设计小而简单的类，以便于开发和管理。当类很大时候，要记住它的所有服务是非常困难的。经验表明，如果一个类的定义不超过一页纸，则使用这个类是比较容易的。为使类保持简单，应该注意以下几点。

（1）避免包含过多的属性。属性过多通常表明这个类过分复杂了，它所完成的功能可能太多了。

（2）有明确的定义。为了使的类的定义明确，分配给每个类的任务应该简单，最好能用一两个简单语句描述它的任务。

（3）尽量简化对象之间的合作关系。如果需要多个对象协同配合才能做好一件事，则破坏了类的简明性和清晰性。

（4）不要提供太多服务。一个类提供的服务过多，同样表明这个类过分复杂。典型地，一个类提供的公共服务不超过 7 个。

在开发大型软件系统时，遵循上述启发性规则也会带来另一个问题：设计出大量较小的类，这同样会带来一定复杂性。解决这个问题的办法，是把系统中的类按逻辑分组，也就是划分"主题"。

4．使用简单的协议

一般说来，消息中的参数不要超过 3 个。当然，不超过 3 个的限制不是绝对的，但是，经验表明，通过复杂消息相互关联的对象是紧密耦合的，对一个对象的修改往往导致其他对象的修改。

5．使用简单的服务

面向对象设计出来的类中的服务通常都很小，一般只有 3~5 行源代码，可以用仅含一个动词和一个宾语的简单句子描述它的功能。如果一个服务中包含了过多的源代码，或者语句嵌套层次太多，或者使用了复杂的 CASE 语句，则应该仔细检查这个服务，设计分解或简化它。一般说来，应该尽量避免使用复杂的服务。如果需要在服务中使用 CASE 语句，通常应该考虑用泛化结构代替这个类的可能性。

6．把设计变动减至最小

通常，设计的质量越高，设计结果保持不变的时间也越长。即便出现必须修改设计的情况，也应该使修改的范围尽可能小。理想的设计变动曲线如图 3.5.2 所示。

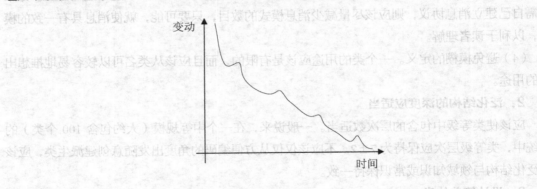

图 3.5.2

在设计的早期阶段，变动较大，随着时间推移，设计方案日趋成熟，变动也越来越小了。图 3.5.2 中的峰值与出现设计错误或发生非预期变动的情况相对应。峰值越高，表明设计质量越差，可重用性也越差。

3.5.4　面向对象设计过程

下面按面向对象中常用的设计顺序对子系统设计、对象设计、消息设计和方法设计这几个主要的设计步骤进行介绍。值得注意的是，实际项目的设计不一定完全遵循这样的设计步骤，例如，可以首先设计类中的一些主要方法，在子系统设计、对象设计和消息设计都进行完之后，再完善类中的其他方法。总之，面向对象分析与设计方法相当灵活，在进行实际项目的分析与设计时应该灵活地加以运用。

1．子系统设计

人类解决复杂问题时普遍采用的策略是，"分而治之，各个击破"的方法。同样，软件工程师在设计比较复杂的应用系统时普遍采用的策略，也是首先把系统分解成若干个比较小的部分，然后再分别设计每个部分。这样做有利于降低设计的难度，有利于分工协作，也有利于维护人员对系统理解和维护。

采用面向对象方法设计软件系统时，面向对象分析模型可以被划分为"主题"、"类与对象"、"结构"、"属性"和"服务"这5个层次。这5个层次一层比一层表示的细节更多，可以把这5个层次想象为整个模型的水平切片。在子系统设计中，可以对面向对象分析模型从数据（对应于对象模型）、行为（对应于行为模型）和功能（对应于功能模型）3个方面进行问题分解，从而定义出若干个一致的类与对象、关系、行为和功能的集合，这里的每一个集合就是一个子系统。一般地说，同一个子系统中的各个设计元素（类与对象、关系、行为和功能）应该共享一些共同的特征，它们可能用来完成同一个功能，也可能位于同一个硬件中，还可能被用于管理同种类型的资源。

在定义和设计子系统时，应该遵循以下一些常用的设计准则。

（1）子系统应该具有良好定义的接口，通过这些接口可以与系统的其他部分通信。

（2）除了极少数的"通信类"以外，子系统的所有其他类都只能与子系统内部的类通信。

（3）子系统的数目应该尽可能少。

（4）子系统内部仍然可以进一步分解成更小的子系统以降低复杂性。

大多数系统的面向对象设计模型，在逻辑上都是由4大部分组成，这4大部分对应于组成目标系统的4个子系统，它们分别是问题域子系统、人机交互子系统，任务管理子系统和数据管理子系统。当然，在不同的软件系统中，这4个子系统的重要程度和规模可能相差很大，规模过大的在设计过程中应进一步划分成更小的子系统，规模过小的子系统可以合并到其他子系统中，某些领域的应用系统在逻辑上可能仅由3个甚至少于3个子系统组成。可以把面向对象设计模型的4大组成部分想象成整个模型的4个垂直切片。典型的面向对象设计模型可以用图3.5.3表示。

图 3.5.3

（1）问题域组件的设计。

问题域组件是4种组件中最能反映用户需求的一种组件，也是面向对象需求分析中已经做了分析的组件。从这种意义上来说，面向对象分析模型（对象模型、行为模型和功能模型）实际上表达的就是整个系统的问题域。面向对象设计的时候，首先就是要将这一问题域的分析模型分解成若干个子问题域，每一个子问题域对应一个子系统，然后对每一个子问题域进行进一步的设计（或者说进一步求精）。

有时候，面向对象需求分析的结果可以不加修改而直接作为面向对象设计中的问题域组件；有时候，为了利于软件系统环境的实现，要对需求分析的结果进行适当的修改，下面介绍几种可能的补充或修改方案。

① 调整需求。

有两种情况会导致修改通过面向对象分析所确定的系统需求：一是用户需求或外部环境发生了变化；二是系统分析员对问题域理解不透彻或缺乏领域专家帮助，以致面向对象分析模型不能完整、准确地反映用户的真实需求。

无论出现上述哪种情况，通常都只需简单地修改面向对象分析结果，然后再把这些修改反映到问题域子系统。

② 复用设计。

根据问题解决的需要，把从类库或其他来源得到的既存类增加到问题解决方案中去。既存类可以是用面向对象程序语言编写出来的，也可以是用其他语言编写出来的可用程序。要求标明既存类中不需要的属性和操作，把无用的部分维持到最小限度。并且增加从既存类到应用类之间的泛化关系。更进一步地，把应用中因继承既存类而成为多余的属性和操作标出。还要修改应用类的结构和连接，必要时把它们变成可复用的既存类。

③ 增加基类把问题域类组合在一起。

在面向对象设计过程中，设计者往往通过引入一个基类把问题域类组合在一起。

④ 调整继承层次。

如果面向对象分析模型中包含了多重继承关系，然而所使用的程序设计语言（如 Java）却并不支持多重继承机制，则必须修改面向对象分析的结果。图 3.5.4（a）是多继承模式。通过调整继承层次，其最终结果如图 3.5.4（c）所示。

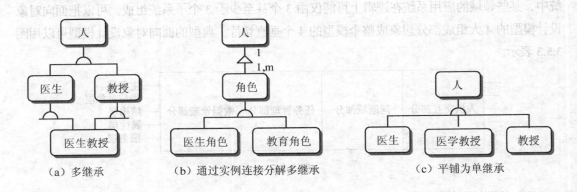

（a）多继承　　　　　（b）通过实例连接分解多继承　　　　　（c）平铺为单继承

图 3.5.4

（2）人机交互组件的设计。

人机交互组件中的主要对象有两类：窗口和报表。通常有如下 3 种类型的窗口。

① 登录窗口。这种类型的窗口是用户进入系统的必经之路，通常的做法是通过输入用户名

和密码进入系统。当然，也可能有其他登录方式，如插卡、指纹识别、语音识别等。

② 设置窗口。这种类型的窗口通常用于 3 种目的。第一种目的：建立和初始化系统正常运行所必需的对象，如建立、维护和删除持久性对象的窗口。这里说的持久性对象类似于关系数据库系统中的记录。第二种目的：完成系统管理功能，如增加和删除授权使用系统的用户，或设置用户使用系统的权限级别。第三种目的：由人来激活或关闭系统中的设备，如打印机、CD – ROM 等。

③ 业务功能窗口。这种类型的窗口用于必须由系统和人进行交互来完成的业务交互功能。

报表是信息系统中的另一种人机交互，如日报表、周报表、月报表、年报表等。报表是系统中用户非常感兴趣的一个部分，因此，有时在系统分析时就对报表进行了分析。在这种情况下，分析阶段得到的结果就可以作为一个很好的起点，设计阶段只是对它们进行进一步的设计（或者称为求精）。

人机交互组件标识出的类与对象，也应该同问题域中的类与对象一样，也要对其属性、关系、方法等进行进一步的标识。在设计类与类之间或对象与对象之间的关系的时候，有一点值得说明，即对象与对象之间的连接关系应该约束在同一个组件之内，而不要跨越不同组件建立连接。如果不同组件之间确实存在对象与对象之间的连接关系，可以在用例中描述这种关系，然后通过时序图更明显地表达出这种对象与对象（或用户与对象）之间的关系，这种关系会进一步在对象的状态转换图中表现出来。

（3）任务管理组件的设计。

所谓任务，是进程的别称，是执行一系列活动的一段程序。当系统中有许多并发行为时，需要依照各个行为的协调和通信关系，划分各种任务，以简化并发行为的设计和编码。而任务管理主要包括任务的选择和调整，它的工作有以下几种。

① 识别事件驱动任务。

一些负责与硬件设备通信的任务是事件驱动的，也就是说，这种任务可由事件来激发，而事件常常是当数据到来时发出一个信号。

② 识别时钟驱动任务。

以固定的时间间隔激发这种事件，以执行某些处理。某些人机界面、子系统、任务、处理机或与其他系统需要周期性的通信。

③ 识别优先任务和关键任务。

根据处理的优先级别来安排各个任务。在系统中，有些操作具有高优先级，因此必须在很强的时间限制内完成；有些操作具有较低的优先级，可进行时间要求较低的处理（如后台处理）。通常需要有一个附加的任务，把各个任务分离开来。

所谓关键任务是对系统的成败起关键作用的处理。必须使用附加的任务来分离这种任务，并对其安全性仔细进行设计、编程和测试。

④ 识别协调者。

当有 3 个或更多的任务时，应当增加一个附加任务，起协调者的作用。它的行为可以用状态转换矩阵来描述。这种任务仅用于协调任务。

⑤ 评审各个任务。

必须对各个任务进行评审，确保它能满足选择任务的工程标准——事件驱动、时钟驱动、优先级／关键任务或协调者。

⑥ 定义各个任务。

定义任务的工作主要包括：确定任务的类型，如何协调工作及如何通信。

- 确定任务的类型：为任务命名，并简要说明这个任务。
- 如何协调工作：定义各个任务如何协调工作。指出它是事件驱动还是时钟驱动。对于事件驱动的任务，描述激发该任务的事件；对于时钟驱动的任务，指明激发之前所经过的时间间隔，同时指出是一次性的还是重复性的时间间隔。
- 如何通信：定义各个任务之间如何通信。任务从哪里取值，结果送往何方。

（4）数据管理组件的设计。

数据管理组件通常有下面两个目的。

① 用于存储问题域中持久性的对象。也就是说，对那些需要在系统的两次激活之间保持状态的对象，数据管理组件会提供与一些数据管理系统（如数据库系统、文件系统等）的接口。通过这样的设计，数据管理组件将数据的存储、检索和更新等数据管理功能与系统中其他功能分离开来，由此，系统的可移植性、可复用性和可维护性都提高了。

② 用于封装问题域中持久性对象的存储和检索机制。这样一来，持久性对象的存储和检索机制的具体实现方法的任何改变，只影响到数据管理组件中的对象，而不会影响到问题域中的对象。

具体设计数据管理组件中的类与对象实际上是很简单的。对于问题域中需要持久性的类与对象，在对应的数据管理组件中也取一个类似的类与对象的名字（如在问题域类名后加 DM 作为标志，DM 是 Data Manager 的首字母缩写）。有了类与对象的名字以后，我们要给数据管理组件中的对象取对应的属性名称，一般的做法是只取一个属性名，其名字用对应的类名的复数形式（末尾加 s）表示。然后设计应该提供的方法，如存储、检索、更新等，有关这些方法的具体实现则要考虑是采用文件系统还是采用数据库系统等问题。

2．对象设计

面向对象中的对象是一个封装了数据（属性）和功能（方法）的能动体，这里的对象设计是指对每一个对象中的数据部分的设计，也就是说，根据面向对象分析阶段得到的对象模型（主要是问题域的对象模型），以及面向对象设计阶段特别是从子系统设计中的各个组件设计得到的对象模型，进一步求精而得到每一个对象的更为准确的属性，然后设计出这些属性相应的数据结构。大多数属性都是简单类型的，关键是要为那些复杂类型的属性设计出合适的数据结构。

下面介绍标识属性的策略。

系统分析员应从问题陈述中搞清，哪些性质在当前问题的背景下完全刻画了被标识的某个对象。通常，属性对应于带定语的名词，如"文件的密码"、"学生的出生年月"等。属性在问题陈述中不一定有完整的显式的描述，要识别出所关心的潜在属性，需要对应用论域问题有深刻的理解。

（1）每个对象至少应含有一个属性，使得对象的实例能够被唯一地标识。

（2）必须仔细地定义属性的取值。属性的取值必须能应用于对象类中的每一个实例。其取值不能为"不适用"。

（3）出现在泛化关系中的对象所继承的属性必须与泛化关系一致。子对象不能继承那些不是为该子对象定义的属性。所继承的属性必须在问题域中有意义。

（4）所有系统的存储数据需求必须说明为属性。

在识别属性的过程中，为避免找出冗余的或不正确的属性，应注意以下问题。

（1）对于问题域中的某个实体，如果不仅其取值有意义，而且它本身也有必要独立存在，那么，应将该实体作为一个对象，而不宜作为另一个对象的属性。

（2）对象的导出属性应当略去。例如，"年龄"是由属性"出生年月"与系统当前日期导出。因此，"年龄"不应作为人的基本属性。

（3）在分析阶段，如果某属性描述对象的外部不可见状态，应将该属性从分析模型中删去。

如果在标识属性的过程中发生以下情况，应考虑调整对象识别的结果。

（1）如果属性只适应于对象的某些实例，而不适应于对象的另外一些实例，则往往意味着存在另一类对象，而且这两类对象之间可能存在着继承关系。

（2）仅有一个属性的对象可以标识为其他对象的属性。

（3）对于对象的某一个属性，如果该对象的某一个特定实例针对该属性有多重属性值，则应当将该对象分为几个对象。

通常，属性放在哪一个类中应是很明显的。较一般的属性应放在泛化结构中较高层的类或对象中，较特殊的属性应放在较低层的类或对象中。

数据视图 ERD 中实体可能对应于某一对象。这样，实体属性就会简单地成为对象属性。如果实体（如：人）不只对应于一类对象，那么这个实体的属性必须分配到 OOA 模型的不同类的对象之中。

3．消息设计

面向对象系统是一个对象与对象之间通过消息传递进行通信的系统。因此，消息的设计也是非常重要的，这里的消息设计是指描述每一个对象可以接收和发送消息的接口。消息设计的一个很好的出发点是对象模型中的对象与对象之间的关系。通常消息有以下几类：

（1）发送对象激活接收对象；

（2）发送对象传送信息给接收对象；

（3）发送对象询问接收对象；

（4）发送对象请求接收对象提供服务。

这几种类型可根据描述对象之间动作关系的动词和句型来区分。对象之间的通信只能通过消息的发送和接收来完成。消息由发送对象传给接收对象，其中包含有发送者希望完成的服务名和相关的参数。

（1）自底向上的方法：访问每一个对象，给出在对象生存期中从建立到消亡的所有状态。每一状态的改变都关联到对象之间消息的传递。从对象着手，逐渐向上分析。

（2）自顶向下的方法：一个对象必须识别某个系统中发生或出现的事件，产生发送给其他对象的消息，由那些对象作出响应。所以对象应能够询问需要执行什么服务，以便接收、处理、产生每个消息。它是从系统行为着手，然后逐渐分析到对象。

当一个对象将一个消息传送给另一个对象时，另一个对象又可传送一个消息给另一个对象，如此下去就可得到一条执行线索。检查所有的执行线索，确定哪些是关键执行线索（Critical Threads of Execution）。这样有助于检查模型的完备性。通过上述方法就可以确定系统中各个类的消息。

4. 方法设计

面向对象分析得出的对象模型，通常并不详细描述类中的服务。面向对象设计则是扩充、完善和细化面向对象分析模型的过程，设计类中的服务（即对类中的方法进行详细设计）是面向对象设计的一项重要工作。

（1）确定类中应有的服务。

需要综合考虑对象模型、动态模型和功能模型，才能正确确定类中应有的服务。对象模型是进行对象设计的基本框架。但是，面向对象分析得出的对象模型，通常只在每个类中列出很少几个最核心的服务。设计人员必须把动态模型中对象的行为以及功能模型中的数据处理，转换成由适当的类所提供的服务。例如，状态图通常描述了一类对象的生命周期，图中的状态转换是执行对象服务的结果，可以通过分析状态图来确定某类对象所应提供的服务。

（2）设计实现服务的方法。

在确定类中应有的服务后，还需进一步设计实现服务的方法，主要应该完成以下几项工作。

① 设计实现服务的算法。

设计实现服务的算法时，应该考虑以下几个因素。

● 算法复杂度：通常选用算法复杂度较低（即效率较高）的算法，但也不要过分追求高效率，应以能满足用户需求为准。

● 容易理解与容易实现：容易理解与容易实现的要求往往与高效率有冲突，设计人员应该对这两个因素适当折衷，合理取舍。

● 易修改：应该尽可能预测将来可能做的修改，并在设计时预先做些准备。

② 选择数据结构。

在分析阶段，仅需考虑系统中需要的逻辑结构，在面向对象设计过程中，则需要选择能够方便、有效地实现算法的物理数据结构（一般指数据的存储结构）。

③ 定义内部类和内部操作。

在面向对象设计过程中，可能需要增添一些在需求陈述中没有提到的类，这些新增加的类，主要用于存放在执行算法过程中所得出的某些中间结果。

此外，复杂操作往往可以用简单对象上的更低层操作来定义。因此，在分解高层操作时常常引入新的低层操作。在面向对象设计过程中应该定义这些新增加的低层操作。

小结

本节我们学习了如下内容。

1．面向对象设计的任务

面向对象设计（OOD，Object-Oriented Design）的主要目的则是将分析阶段得到的需求分析模型转换为"怎么做"的设计模型，从而为编码阶段提供坚实的设计指南。

2．面向对象设计的准则

面向对象设计应遵循以下准则。

（1）模块化：在面向对象设计中对象就是模块。

（2）抽象：面向对象方法不仅支持过程抽象，而且支持数据抽象。

（3）信息隐藏：信息隐藏通过对象的封装性实现。

（4）弱耦合：对象之间的耦合可分为两大类，交互耦合和继承耦合。如果对象之间的耦合通过消息连接来实现，则这种耦合就是交互耦合。通过继承关系结合起来的基类和派生类之间存在的是继承耦合。在面向对象设计中，应该尽量降低交互耦合，提高继承耦合。

（5）强内聚：对象之间的内聚可分为服务内聚、类内聚、泛化内聚3种内聚。

（6）可重用：重用有两个方面的含义：一是尽量使用已有的类，二是在设计这些新类时尽可能的考虑可重用性。

3．启发性规则

在进行面向对象设计时，使用以下启发性规则有助于提高面向对象设计的质量：①设计结果应该清晰易懂；②泛化结构的深度应适当；③设计简单的类；④使用简单的协议；⑤使用简单的服务；⑥把设计变动减至最小。

4．面向对象设计过程

从面向对象的分析模型到设计模型需要经过子系统设计、对象设计、消息设计和方法设计这4个过程。

（1）子系统设计：子系统设计通常包括问题域子系统、人机交互子系统、任务管理子系统和数据管理子系统的设计。

（2）对象设计：根据面向对象分析阶段得到的对象模型，以及面向对象设计阶段特别是从子系统设计中的各个组件设计得到的对象模型，进一步求精而得到每一个对象的更为准确的属性，然后设计出这些属性相应的数据结构。

（3）消息设计：消息设计是指描述每一个对象可以接收和发送消息的接口。

（4）方法设计：可分为确定类中应有的服务，及设计实现服务的方法两个步骤。

3.5.5　面向对象设计实例

本节将继续接着 2.6 节中对图书馆管理系统的分析，使用面向对象方法对其进行进一步的设计。

示例 3.5.1 在 2.6 节面向对象分析基础上,对图书馆管理系统(LMS Library Manage System) 进行面向对象设计。

第一步,子系统设计。

1. 设计问题域子系统

首先对 LMS 进行子系统设计,就是要对 LMS 的问题域进一步分析,本书将使用 UML 语言来表达设计,通过对系统中的领域和关键类的条理化,得出系统的问题域模型(也称业务模型),如图 3.5.5 所示。

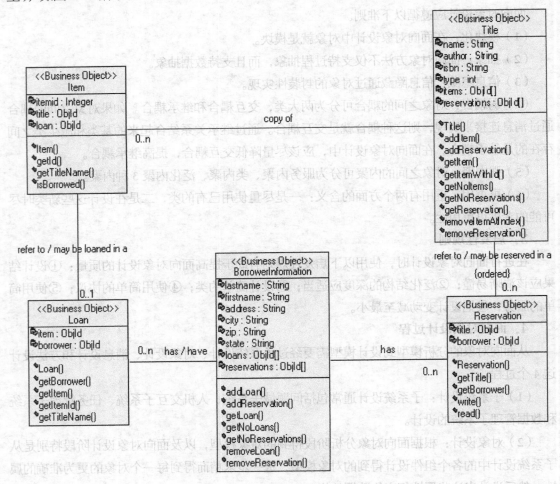

图 3.5.5

2. 设计人机交互接口

图书馆管理系统在执行业务操作时,很显然需要窗口或对话框作为与外部交互的接口,借书、还书、预约、续借等都需要窗口,因此通过系统用例的进一步分析,得出如图 3.5.6 所示的图书馆管理系统人机交互子系统的类图。

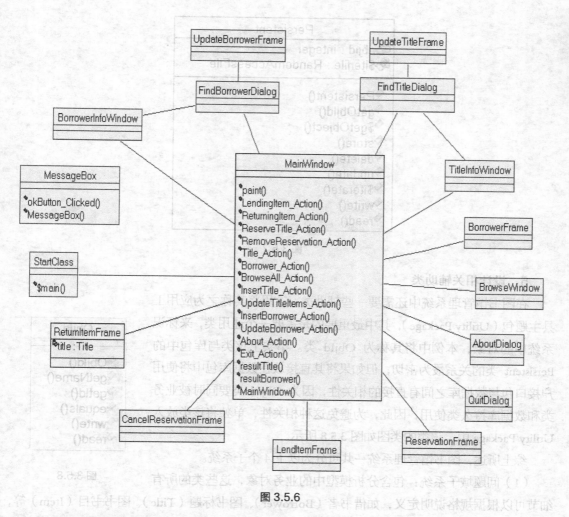

图 3.5.6

3．设计任务管理子系统

由于该系统较为简单，并不涉及较多的任务管理任务，所以在系统设计时，没有为该系统创建任务管理子系统。

4．设计数据管理子系统

由于在图书馆管理系统中，必须永久保存一些对象数据，因此需要提供一个数据管理子系统来提供这种服务，当然保存数据可以使用商用数据库管理系统，也可以使用简单的文件系统。为了使存储的细节对应用而言是透明的，它只需调用对象上的一些公共服务即可，例如，"保存"（store）、"更新"（update）、"删除"（delete）、"查找"（find）等操作。

因此，在图书馆管理系统中设计一个抽象类——Persistent 类，所有需要永久存储的对象的类均需继承 Persistent 类。Persistent 接口被定义后，可以将对象存放在数据库中，或用 Java 中的序列化对象支持的方式来存储。Persistent 类的类图如图 3.5.7 所示。

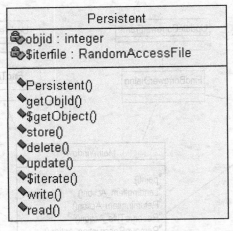

图 3.5.7

5．设计相关辅助类

在图书馆管理系统中还需要一些辅助类，这里将其称之为应用工具主题包（Utility Package），其中最重要的是需要一个通用类，来标识系统中的对象，本例中将其称为 ObjId 类。事实上该类与库包中的 Persistent 类的关系最为密切，但如果将其直接放在数据库包中将使用户接口包与数据库之间有直接的相关性，因为 ObjId 类要同时被业务类和数据库持久类使用，因此，为避免这种相关性，单独将该类放入 Utility Package 中。该类的类图如图 3.5.8 所示。

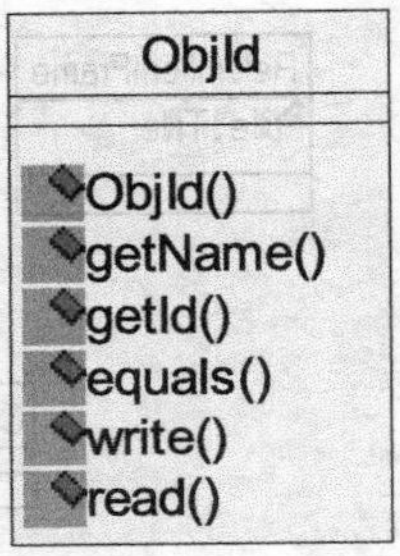

综上所述，图书馆管理系统一共可分为以下 4 个子系统。

图 3.5.8

（1）问题域子系统：包含分析模型中的业务对象，这些类的所有细节可以根据规格说明定义，如借书者（Borrower）、图书标题（Title）、图书书目（Item）等，并支持持久性属性。业务对象包和数据库协作完成任务，因为所有的业务对象类必须从数据库包中的持久性类中继承下来。

（2）人机交互子系统：获取或显示系统中的数据，如读入图书数据，显示借书成功等信息。这些用户接口类都可以通过一些开发工具提供的标准库获得，如 Java 的 Swing 包。人机交互包通过调用业务包中的操作来检索和插入数据。

（3）数据管理子系统：提供服务给问题域子系统中的类，可以永久地保存它们。持久性类将它的子类存放到数据库和文件系统中。

（4）应用工具子系统：提供服务给系统其他子系统中的类。例如，本系统中的 ObjId，它被人机交互子系统和数据管理子系统用于在系统范围内引用持久性对象。

整个系统的架构用 UML 中的包图描绘，如图 3.5.9 所示。

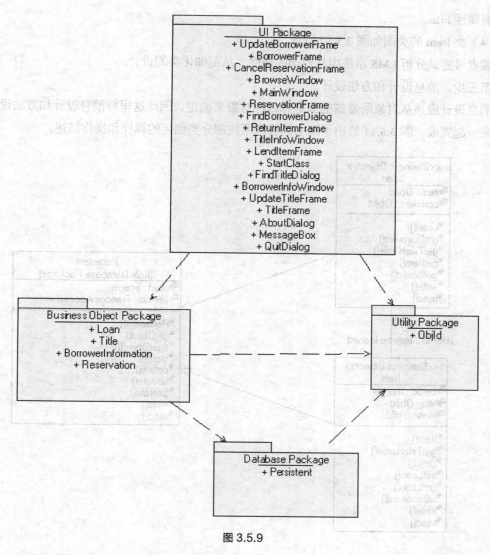

图 3.5.9

第二步，对象设计。

面向对象设计中，在完成子系统设计后，接下来应该针对具体类进行对象设计，进一步分析对象的属性。本例中由于系统中对象较多，仅选择一个类来描述。这里以书目信息为例来说明。

（1）书目信息类至少有一个属性用于标识本身，因此分析得到属性 itemId。

（2）同时，由于每个书目信息都是为了标注一本书，所以书目信息中还需要有说明书本信息的属性。由于本系统中是用 Title 类来表示书对象，而每一本书均可以使用 ObjId 对象来查找，因此分析得到属性 title。

（3）同理，分析得到与 Item 相关的还有借阅信息类 Loan，因

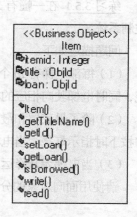

图 3.5.10

此得到属性 loan。

（4）类 Item 的类图如图 3.5.10 所示。

读者可尝试分析 LMS 系统中其他类的属性，从而细化类的设计。

第三步，消息设计和方法设计。

消息设计应该从对象所暴露的服务和目标对象来确定，因此这里将消息设计和方法设计结合起来一起完成。图 3.5.11 给出了图书馆管理系统部分类细化的属性和操作描述。

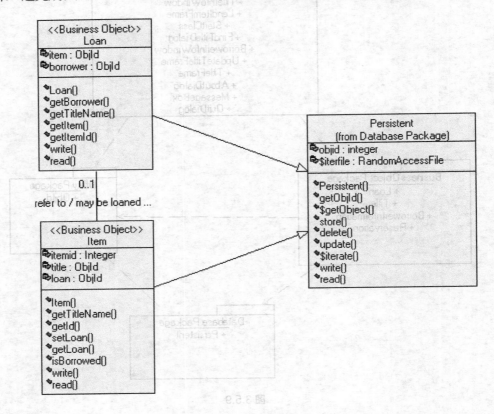

图 3.5.11

练习 3.5.1 在一幢有 m 层的大厦中安装一套 n 部电梯的产品，按照下列条件设计一套电梯控制系统。

问题描述如下。

（1）每部电梯有 m 个按钮，每一个按钮代表一个楼层。当按下一个按钮时，该按钮指示灯亮，同时电梯驶向相应的楼层，当到达相应楼层时，指示灯熄灭。

（2）除了最底层和最高层之外，每一层都有两个按钮分别指示电梯上行和下行。这两个按钮按下时指示灯亮，当电梯到达此楼层时指示灯熄灭，并向所需要的方向移动。

（3）当电梯无升降运动时，关门并停在当前楼层。

请使用面向对象的分析与设计方法，完成该电梯控制系统的分析和设计任务。

作业

1. 运用状态机知识，对求 1 到 10 之间奇数的累加和的算法进行建模。

2. 请根据下列描述绘制状态图。

借书业务在系统的业务建模中是一个用例，借书业务是由借书空闲（idle）、书目查询（finding）、借书（Lending）、预约（reservation）、取消预约（remove reservation）、借书成功（Success）、失败（Failure）7 种状态组成，请运用所学的状态图知识，完成图书业务模块中借书用例的状态图。

3. 试论述类与用例的区别。

4. 试比较边界类与实体类的异同。

5. 试运用所学的静态建模技术找出用户管理模块中的所有的类。

6. 什么是依赖？它与关联有什么区别？

7. 什么是泛化？泛化是否就是类的继承，如果不是请说明理由。

8. 试论述聚合和组合的异同。

9. 每一个 Vehicle（卡车）对象都有一个 Engine（引擎）对象。每个 Engine 对象包含 0 个或者多个齿轮（Cog）对象。请使用用类图正确显示了这种（聚合和组合）关系。

10. 什么是顺序图？顺序图是由哪些部分组成?

11. 请根据以下描述，画出类图。

在创发软件公司员工管理系统中，有两类员工（Employee），一类是全职员工（FullTimeEmployee），另一类是兼职员工（PartTimeEmployee），所有的员工都应保存其员工编号（EmployeeID）、姓名（EmployeeName）、所属部门（Department）和工资（Salary），不过对于全职员工，公司需要为其购买社保（SocietyInsurance），而对兼职员工则必须记录其周工作时间（WorkHourPerWeek）（对于类中的所有属性，都要求可以对其进行读写）。

12. 请为一台饮料自动销售机的"Buy Soday"买饮料用例建立顺序图。

饮料销售机由 3 个部分组成：前端（front）、钱币记录仪（register）以及分配器（dispenser）。前端负责：

（1）接收顾客的选购和现钞；

（2）显示诸如"所选饮料已售完"和"使用合适的零钱"的信息；

（3）从记录仪接收找回的零钱并返还给顾客；

（4）返还现钞；

（5）从分配器接收一罐饮料并把它交给顾客。

钱币记录仪将负责：

（1）从前端获取顾客输入信息（即选购的饮料种类和现钞）；

（2）更新现钞存储；

（3）找零钱。

分配器将负责：

（1）检查选购的饮料是否还有货；

（2）分发一罐饮料。

13. 什么是协作图？协作图是由哪些部分组成？

14. 试论述交互图与行为图（即活动图和状态图）之间的异同点。

15. 为方便储户，某银行拟开发计算机储蓄系统。储户填写的存款单或取款单由业务员键入系统，如果是存款，系统记录存款人姓名、住址、存款类型、存款日期、利率等信息，并打印出存款单给储户；如果是取款，系统计算利息并打印出利息清单给储户。

请使用面向对象的分析与设计方法，完成该储蓄系统的设计任务。

 本项目小结

通过本项目的学习，使读者了解到如何在需求分析的基础上，运用 UML 对系统架构进行建模。本项目主要介绍了如下内容。

1．状态图

状态图（Statechart Diagram）是 UML 中对系统的动态方面进行建模的 5 种图之一。状态图显示了状态机。活动图和状态图是对一个对象的生命周期进行建模，是描述对象随时间变化的动态行为。活动图显示的是从活动到活动的控制流，状态图则显示的是从状态到状态的控制流。状态图是由状态、事件和转换组成。

2．类

类（class）是对一组具有相同属性、操作、关系和语义的对象的描述。类是对事物的抽象。类主要是由名称、属性和操作组成。对象对于外部对象来说某些属性应该不能被直接访问，这种特性称为可见性。通常类成员的可见性包括：公有、私有和受保护 3 种。

3．关系

关系（Relationship）是指事物之间的联系。在面向对象的建模中，有 3 种最重要的关系：依赖、泛化和关联。在图形上，把关系画成一条线，并用不同的线区别关系的种类。

4．交互图

交互图（Interaction Diagram）是由一组对象和它们之间的关系构成，其中包括在对象间的传递的信息，它包括顺序图和协作图。顺序图是强调消息时间顺序的交互图。它是描述系统中类和类之间的交互，将这些交互建模成消息交换，也就是说，顺序图描述了类相互协作的完成预期行为的动态过程。协作图是强调参加交互的对象的组织。协作图只对相互间有交互作用的对象和这些对象间的关系建模，而忽略了其他没有交互的对象和关联。

Action　['ækʃən]　动作		
Association　[ə,səuʃi'eiʃən]　关联		
Attribute　[ə'tribju:t]　属性		
Boundary　['baundəri]　边界		
Call Event　[kɔ:l][i'vent]　调用事件		
Change Event　[tʃeindʒ][i'vent]　变化事件		
Collaboration Diagram　[kə,læbə'reiʃn]['daiəgræm]　协作图		
Concurrent　[kən'kʌrənt]　并发		
Control　[kən'trəul]　控制		
Dependency　[di'pendənsi]　依赖		
Entity　['entəti]　实体		
Event Trigger　[i'vent] ['trigə（r）]　事件触发		
Generalization　[,dʒenrəlai'zeiʃn]　泛化		
Guard Condition　[gɑ:d][kən'diʃn]　监护条件		
Interaction Diagram　[,intər'ækʃn]['daiəgræm]　交互图		
Operation　[,ɒpə'reiʃn]　操作		
Realization　[,ri:əlai'zeiʃn]　实现		
Reservation　[,rezə'veiʃn]　预约		
Sequence Diagram　['si:kwəns]['daiəgræm]　顺序图		
Signal　['signəl]　信号		
Signature　['signətʃə（r）]　标记		
Source State　[sɔ:s][steit]　源状态		
Statechart Diagram　[steittʃɑ:t]['daiəgræm]　状态图		
State Machine　[steit][mə'ʃi:n]　状态机		
Substate　['sʌbsteit]　子状态		
Target State　['tɑ:git][steit]　目标状态		
Time Event [taim][i'vent]　时间事件		

PART 4

项目四
应用建模

本项目目标

前面运用 UML 中的用例图、活动图、交互图、类图对诚信管理论坛系统的业务需求和架构进行了建模。现在需要运用面向对象技术对系统进行应用建模，通过对象图、包、组件图和部署图，来描述系统的实施和实现视图，以及学习如何使用建模工具来实施模型和代码间的双向工程。本项目的学习目标如下。

- 掌握对象图的基本概念。
- 掌握包技术的使用。
- 掌握组件图的基本概念。
- 掌握部署图的基本概念。
- 理解正向工程和逆向工程的基本概念。
- 掌握使用 EA 工具实施双向工程的基本方法。

4.1 对象图和包

 内容提要

本节将讨论系统静态设计视图中的对象图以及如何使用包来管理 UML 中的模型元素。对象图用于对包含在类图中的事物实例建模。对象图显示了在某一时间点一组对象以及它们之间的关系，使用对象图可以描述系统某一时刻的快照。当系统中的模型元素增加到一定程度时，需要使用包把建模元素进行分类管理。本节的主要内容如下：

● 对象图的基本概念
● 包的基本概念

 任务

诚信管理论坛系统的分析和设计已按计划完成类图和交互图的分析与设计，不过当这份文档提交给最终用户审查时，他们认为最好能用一个实例来说明系统的运作，现系统分析部指派你来完成该项任务，为系统绘制一张对象图。

1. 以登录过程为例绘制对象图
2. 绘制注册过程的对象图

4.1.1 对象图

在 UML 中，类图描述的是系统的静态结构和关系，而交互图描述系统的动态特性。在跟踪系统的交互过程时，往往会涉及系统交互过程的某一瞬间交互对象的状态，但系统类图并没有对此进行描述。因此，在 UML 中引入对象图（Object Diagram），用于描述一个参与交互的对象在交互过程中某一时刻的状态，这类似于使用照相机为高速奔跑的运动员拍照，对象图就是系统在运行过程中某一时刻的照片。在一个复杂的系统中，系统的运行总是难免会出现错误，当系统出错时，错误对象可能会涉及多个类，这样的情况往往非常复杂。因此在出错时刻，系统测试员需要为系统中的各个对象建立对象图，这样将便于分析错误、解决问题。实际上在 Windows 操作系统中就提供了这样的快照工具（drwtsn32.exe），用于获取系统某一时刻的运行信息。

在 UML 中，对象图（Object Diagram）是描述在某一时刻，一组对象以及它们之间关系的图形。对象图可以看作是类图在系统某一时刻的实例。对象图包含一组在类图中建立的事物的实例，因此对象图也可以被认为是描述系统交互的静态图形，它由协作的对象组成，但不包含在对象之间传递的任何消息。对象图表示的是被冻结的系统在运行时的某一瞬间的情况，类似于使用 DVD 播放机播放 DVD 光碟时，按下暂停（pause）键时，出现的静止画面。

对象图中一般包括"对象"和"链"两类基本的模型元素。

1．对象

在对象图中的"对象"（Object）与术语"实例"（Instance）的含义是一致的，实例是抽象的具体表示。一般来说，把类的具体表示称为对象，对象是类的实例。在图形上使用包含带下划线的实例名的矩形框表示一个实例（对象），如图 4.1.1（a）所示。

每一个实例都必须有一个唯一的名称（name）。名称（name）是一个文本串，把一个单独的名称称为简单名（simple name），也可以加上对象所属类的包名，称为路径名（path name）。在对实例命名的时候还可以指定实例所属于的类，在实例名和类名之间用冒号":"分隔。例如，定义一个"客户"类，它有一个实例"张三"，则可以使用图 4.1.1（b）表示。

既然对象是类的实例，那么对象就拥有在类中所声明的属性和方法，例如，假定"客户"类中定义一个"付款"的方法和一个"现金"的属性，那么对给定的实例"张三：客户"，就可以书写像"张三.付款"这样的表达式，这表示客户张三将执行付款这样一个操作。同理，可以通过类似的方式来对象的属性值进行操作，从而表达对象的状态的变化。图 4.1.1（c）所示为将客户张三的现金值设为 20。

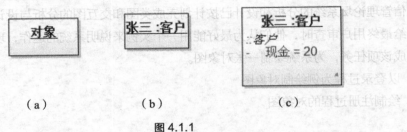

（a） （b） （c）

图 4.1.1

2．链

链（link）是两个或多个对象之间的独立连接，是关联的实例。通过链可以将多个对象连接起来，形成一个有序列表，称为元组。通常将两个对象之间的连接称为二元链。链在图形上使用一条不带箭头的实线表示。

图 4.1.2 表示用对象图对某公司建模的一组对象。现假定存在公司类"公司"和部门类"部门"，公司和部门之间存在聚合关系。该公司的名称为"远景软件"，其下有"开发部"、"财务部"、"人事部"。用对象图建模时，需有一个公司对象"C"，3 个部门对象"D1"、"D2"、"D3"，如图 4.1.2 所示。

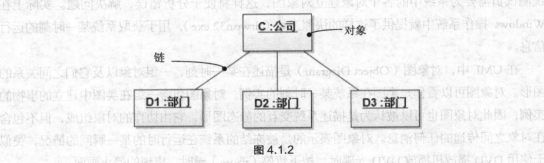

图 4.1.2

3．对象图的建模技术

对对象结构建模涉及到在给定时刻抓取系统中对象的快照，当冻结一个运行的系统，或想象在某一时刻一个已被建模的系统，就会发现这样的一组对象：每一个对象都处于具体的状态，并与其他对象有特定的关系，这时对象图可以可视化这些对象的结构，这对于复杂的数据结构和系统，特别有效。要对对象结构建模，应遵循以下步骤。

（1）确定参与交互的各对象的类，可以参照相应的类图和交互图。

（2）确定类间的关系，如依赖、泛化、关联和实现。

（3）确定在某特定时刻各对象的状态值，使用对象图为这些对象建模。

（4）根据建模目标，绘制对象的关键状态和关键对象之间的连接关系。

4．提示和技巧

在 UML 中创建对象图时，要记住，每一个对象图只是系统的静态设计视图或系统的静态进程视图的图形表示。这意味着，并不需要用单个的对象图来捕获系统的设计视图或进程视图中的每一个事物。事实上，对于所有系统（微小的系统除外），都会遇到数百个对象，这样看来，要完全描述系统中的所有对象或这些对象之间的全部关系几乎是不可能的。因此，应使用对象图描述在系统中的重要对象的关键时刻的运行过程。

一个结构良好的对象图，应满足如下的要求。

（1）只包含关注表达系统静态设计视图或静态进程视图的一个方面。

（2）只包含对理解系统运行关键时刻必不可少的对象。

（3）不要过分简化，以免产生误解。

4.1.2 包

当对大型系统进行建模时，经常需要处理大量的类、接口、组件、节点等建模元素，这时有必要将这些元素进行分组，即把那些语义相近并倾向于一起变化的建模元素组织起来加入同一个"包"（package），这样方便理解和处理整个模型。在现实生活中，这样的例子随处可见，比如在个人计算机制造业中，其中涉及的元器件可能成千上万，根据功能将其分成不同的模块，如"显卡"、"主板"、"声卡"等，这样的分块管理，使得在制造个人计算机时的管理难度和复杂度大大降低。这样的分块就是前面所说的"包"。"包"的另一个典型的例子就是操作系统中的文件夹。

包是用于把元素组织成组的通用机制。包有助于组织模型中的元素，使系统模型更容易被理解，也可以控制对包的内容的访问。UML 提供了对包的图形表示法，这种表示法允许对那些能够作为一个整体进行处理的成组元素进行可视化，并在某种程度上控制个体元素的可见性以及对它们的访问。在图形上，将包元素表示为带标签的文件夹，如图 4.1.3 所示。

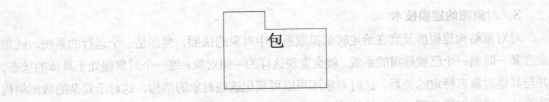

图 4.1.3

1．包的名字

和其他建模元素一样，每个包都必须有一个区别于其他包的名字。模型包的名字是一个字符串，它可以分为简单名（simple name）和路径名（path name）。简单名是指一个单独的名称，图 4.1.4（a）表示一个名字为"Business Object"的包，路径名是指以包所位于的外围包的名称作为前缀的包名，图 4.1.4（b）表示的是位于"Business Object"内的包"User"。

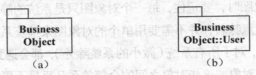

图 4.1.4

注意：包名是以不限个数的字母、数字及某些标点符号组成的字符串，通常是取自系统中的名词或名词短语。

2．包拥有的元素

包是对模型元素进行分组的机制，它把模型元素划分成若干个子集。包可以拥有 UML 中其他元素，包括类、接口、组件、节点、协作、用例，甚至还可以包含其他子包。拥有是一种组合关系，这意味着建模元素被包括在"包"中，如果"包"被删除了，包内的建模元素也将随之被删除。"包"可以理解为"文件夹"，而建模元素则可以理解为"文件"，当将一个"文件夹"删除时，也就自然而然地将"文件夹"中的文件删除了。同样，类似于"文件"和"文件夹"的关系，一个"文件"只能被一个"文件夹"所拥有，而一个建模元素也只能被一个包所拥有。

包的作用不仅仅是为模型元素进行分组。它还为所拥有的模型元素构成一个命名空间，这意味着一个模型包内的各个同类建模元素不能具有相同的名字，但不同模型包的各个建模元素能具有相同的名字。这同样可以用"文件"和"文件夹"的关系来帮助理解，在一个文件夹中不能有完全相同名字的两个文件存在，但在不同的文件夹中可以拥有两个同名的文件。注意这里强调的不能同名的建模元素是指同类的建模元素，如果是不同类的建模元素则可以使用相同的名字，这里的类型可以理解为操作系统中的"扩展名"，在一个文件夹中如果两个文件即使是名字相同，但扩展名不同，也被认为是两个不同的文件，比如"神话.mp3"和"神话.rm"就是两个不同的文件，一个是歌曲，一个是电影。不过这种使用相同的名字的方法较易引起误解，带来不必要的麻烦，所以不推荐使用。

在包中包括子包，称为包的嵌套。这有助于按层次来分解模型，降低对系统建模的复杂度，图 4.1.4（b）就描述了一个嵌套的包。现假定包"Business Object"包含包"User"，而包"User"

中有一个类 "Reader"，则类 "Reader" 的全名为 "Business Object::User::Reader"。在实际使用中，还应该避免包的嵌套层次过深，一般来说，以不超过 3 层为好。

对包内所包含的建模元素，可以使用文本或图形的方式加以显示。图 4.1.5 给出了文本显示包内容的例子。这表示在 User 包下有两个类，其中 Reader 类是公共（public）类型的，而 Librarian 类是私有（private）类型的。

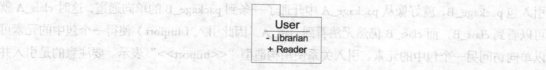

图 4.1.5

3. 包的可见性

包在软件模型中不可能是孤立存在的，包内的模型元素必然会和外部的类存在某些联系。而好的软件模型中各个包间应该做到高内聚，低耦合。这意味着在包的内部，类之间的关系密切，而包与包之间的关联则相对较少。为了能做到这一点，应该对包内的元素加以控制，使得某些元素能被外界访问，可见某些元素不能被外界访问。这就是所谓的包内元素可见性控制。

包的可见性用来控制包外界的元素对包内元素的可访问权限，这一点和类的可见性类似。可见性可以分成 3 种。

（1）公有访问（public）。

包内的模型元素可以被任何引入此包的其他包的内含元素访问。公有访问在包内元素前增加前缀加号（+）表示。

（2）保护访问（protected）。

表示此元素只能被当前包的子包访问，保护访问在包内元素前增加前缀号（#）表示。

（3）私有访问（private）。

表示此元素只能被当前包内的模型元素访问，私有访问在包内元素前用前缀减号（-）表示。

图 4.1.6 分别描述了 3 种类型的访问可见性，其中 Reader 类是公共类型的，Librarian 类是私有类型的，Borrower 则是保护类型的。

图 4.1.6

4. 引入（import）与导出（export）

假设有两个名称分别为 class_A 和 class_B 的并列的类。因为二者的访问级别相同，A 能看见 B，B 也能看见 A，因此它们互相依赖。如果二者正好可以组成一个小系统，那么确实就不需要任何种类的包了。现在设想，有几百个这样并列的包，它们之间的互相访问没有任何限制，中，……这样，这些包的访问……一般来说，这不能超过3层方式。

现在假设将类 class_A 放入包 package_A 中，类 class_B 放入包 package_B 中，且 class_A 和 class_B 均被声明为 public 类型的，这时就会出现虽然 class_A、class_B 都是公共的，但它们不能互相访问，这是因为它们的外围包形成一道不透明的墙。然而，如果 class_A 所在的包 package_A 引入包 package_B，就好像从 package_A 中开通了一条到 package_B 的单向通道，这时 class_A 就可以看到 class_B，而 class_B 仍然无法看到 class_A。因此引入（import）使得一个包中的元素可以单向访问另一个包中的元素。引入关系使用构造型"<<import>>"表示。要注意的是引入并没有增加包中的内容，它只是扩大了包内元素的访问范围而已。

导出（export）指的是包中具有公有访问权限的内含元素，一个包中"导出"部分仅仅只对显示地引入这个包的其他包中的内含元素可见。图 4.1.7 表示两个包间的引入关系。在图中包 Process 显示地引入包 User，那么在包 User 中，类 Reader 就是一个导出对象。

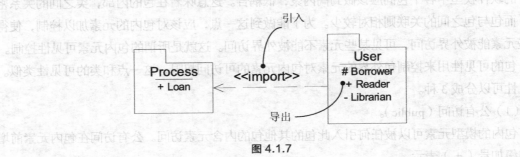

图 4.1.7

5．泛化关系

在包之间可以有两种关系：一种关系是引入和访问依赖，用于在一个包中引入由另一个包导出的包元素；另一种关系就是泛化，用于说明包之间的继承关系。

包间的泛化关系与类之间的泛化关系类似，涉及泛化关系的包遵循替代原理，即子包（特殊包）可以应用到父包（一般包）被使用的任何地方。例如，"GUI"是一个父包，而"WindowsGUI"是一个子包，那么可以说凡是使用 GUI 包的场合，一定可以使用"WindowsGUI"包。包之间的泛化关系用一个带空心三角形的实线表示，如图 4.1.8 所示。

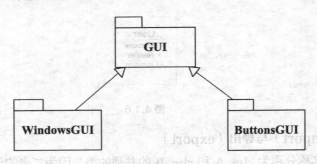

图 4.1.8

6. 标准元素

UML 的扩充机制同样适用于包元素，可以使用标记值来增加包的新特性，用构造型来描述包的新种类。UML 定义了 5 种构造型来为其标准扩充，分别是虚包（facade）、框架（framework）、桩（stub）、子系统（subsystem）和系统（system）。

（1）虚包。

虚包是包的一种扩充，它只拥有对其他包内元素的引用，其本身并不包括任何建模元素，类似于数据库中视图的概念。

（2）框架。

框架是一个主要由模式组成的包。模式表示的是可以在一个或多个系统中参数化的协作，简单地说，一个模式代表一种通用的解决方法。

（3）桩。

桩描述了一个作为另一个包的公共内容的代理的包，这表示一个"桩"中包含的是为其他包提供最基本、最通用的操作和服务，就像是大厦的基础一样，因此用桩来命名。

（4）子系统。

子系统代表系统模型中一个独立的组成部分。

（5）系统。

系统代表当前模型描述的整个软件系统。

7. 包建模技术

当需要为较复杂的系统建模时，使用包来组织建模元素是一种非常有效的建模方法。包将建模元素按语义进行分组，从而大大降低对复杂系统模型的构造、表达、理解和管理的难度，包在很多方面与类相似，但是它们还是存在很多不同的地方。类是对问题域或解决方案中事物的抽象，而包是把这些事物组织成模型的一种机制。包没有实例，在运行系统中不可见；类有实例，类的实例（对象）是运行系统的组成部分。

对包建模可以遵循以下步骤。

（1）分析系统的模型元素（通常是对象类），把概念上或语义上相近的模型元素归入同一个包。

（2）对于每一个包，标出其模型元素的可视性，确定包内每个元素的访问属性，是公共、保护或私有。

（3）确定包与包之间的依赖联系，特别是"引入"关系。

（4）确定包与包之间的泛化关系。

（5）绘制包图。

（6）对结果进行精化和细化。

任务解决

通过本节对对象图的描述，可以知道对象图就是类图在系统运行时某一瞬间的实例，我们可以根据前述绘制登录过程有关的类图，如图 4.1.9 所示。

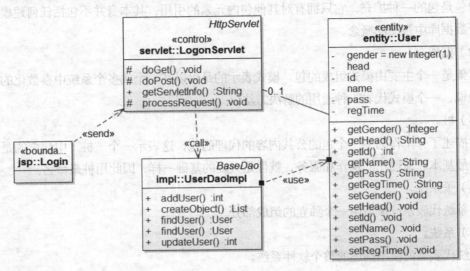

图 4.1.9

绘制的对象图步骤如下所示。

（1）使用 EA 工具打开项目工程文件，右击"架框建模"目录，在弹出的菜单中选择"添加→添加图"项，在弹出的创建对话框中输入图的名称为"登录对象图"，并选择"UML Structural→Object"项，如图 4.1.10 所示。

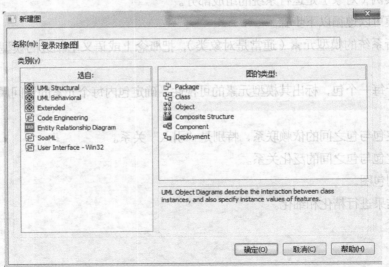

图 4.1.10

（2）打开所创建的对象图，从项目浏览器窗口中将登录页面（Login）、登录处理类（LogonServlet）、用户类（User）和用户数据表操作类（UserDaoImpl）实例为对象加入到对象图中，如图 4.1.11 所示。（注：在 EA 工具中不具有为对象属性赋值的功能，故 EA 中的对象只能为对象命名。）

图 4.1.11

（3）使用工具箱中的"Object Relationships"项中的链，实现将上述的对象链接起来，如图 4.1.12 所示。

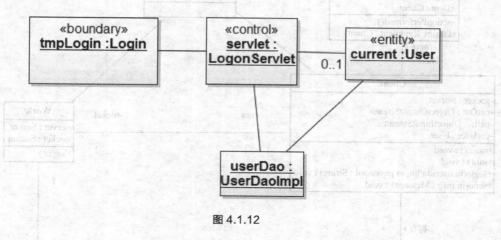

图 4.1.12

 精练

请根据本节所学的知识解决项目中的任务 2。

分析：注册用户所涉及的类图与登录过程的类图基本一致，现在请根据图 4.1.9 所示类图，参照任务 1 的解决过程，绘制用户张三注册时系统的对象图。

4.1.3　技能提升——在线聊天系统对象图

任务布置

根据在线聊天系统登录操作运行情况，对其运行状态进行建模分析。

绘制登录操作时系统的对象图

任务实现

在对系统登录业务进行分析的基础之下，使用对象图对系统运行时的瞬间进行建模。

1．确定登录操作功能类图

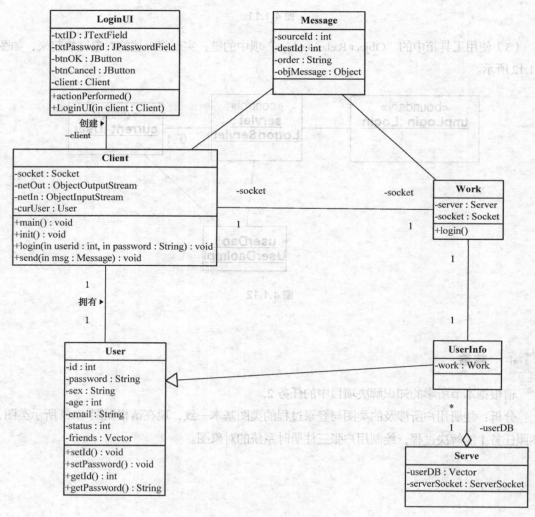

图 4.1.13

2．绘制对象图

根据图 4.1.13 绘制登录过程中某一时刻的对象图。

 小结

本节我们学习了如下内容。

1．对象图

对象图（Object Diagram）是描述在某一时刻，一组对象以及它们之间关系的图形。对象图包含一组在类图中建立的事物的实例，因此对象图也可以被认为是描述系统交互的静态图形，它由协作的对象组成，但不包含在对象之间传递的任何消息。组对象以及它们之间关系的图形。对象图可以看作是类图在系统某一时刻的实例。对象图中一般包括"对象"和"链"两类基本的模型元素。

（1）对象（Object）。

对象是类的实例，实例是抽象的具体表示。在图形上使用包含带下画线的实例名的矩形框表示一个实例（对象）。

（2）链（link）。

链是两个或多个对象之间的独立连接，是关联的实例。通过链可以将多个对象连接起来，形成一个有序列表，称为元组。通常将两个对象之间的连接称为二元链。链在图形上使用一条不带箭头的实线表示。

2．包

包是用于把元素组织成组的通用机制。包有助于组织模型中的元素，使系统模型更容易被理解，也可以控制对包的内容的访问。UML 提供了对包的图形表示法，这种表示法允许对那些能够作为一个整体进行处理成组的元素进行可视化，并在某种程度上控制个体元素的可见性以及对它们的访问。在图形上，将包画为带标签的文件夹。

（1）包的名字。

每个包都有一个唯一的字符串作为名字，包名可以分为简单名和路径名两种。

（2）包拥有的元素。

包是对模型元素进行分组的机制，它把模型元素划分成若干个子集。包可以拥有 UML 中其他元素，包括类、接口、组件、节点、协作、用例、甚至还可以包含其他子包。

（3）包的可见性。

包的可见性用来控制包外界的元素对包内元素的可访问权限，这一点和类的可见性类似。可见性可以分成 3 种：公有访问（public）、保护访问（protected）、私有访问（private）。

（4）引入（import）与导出（export）。

引入（import）使得一个包中的元素可以单向访问另一个包中的元素。引入关系使用构造型"<<import>>"表示。要注意的是引入并没有增加包中的内容，它只是扩大了包内元素的访问范围而已。导出（export）指的是包中具有公有访问权限的内含元素。

（5）泛化关系。

在包之间可以有两种关系：一种关系是引入和访问依赖，用于在一个包中引入由另一个包导出的包元素；另一种关系就是泛化，用于说明包之间的继承关系。

（6）标准元素。

UML 的扩充机制同样适用于包元素，UML 中定义了 5 种标准构造型，分别是虚包（facade）、框架（framework）、桩（stub）、子系统（subsystem）和系统（system）。

4.2　组件图和部署图

 内容提要

本节讨论系统的实现视图：组件图和部署图，它们是对面向对象系统的物理方面进行建模所用到的两种图，显示了系统实现时的一些特性，包括源代码的静态结构和运行时刻的实现结构。其中组件图显示的是组成系统的组件之间的组织及其依赖关系，即代码本身的逻辑结构；部署图则用于描述系统运行时的硬件节点，以及在这些节点上运行的软件组件的构成关系。本节主要内容如下：

- 组件图的基本概念
- 组件图的应用——逻辑部署
- 部署图的基本概念
- 部署图的应用——物理部署

 任务

诚信管理论坛系统的分析和设计已按计划完成类图和交互图的分析与设计，下一步将完成系统的组件图和部署图。现系统分析部指派你来完成如下任务：

1. 完成系统的发帖组件图
2. 完成系统的部署图

4.2.1　组件图

在对软件建模的过程中，可以使用用例图来表示系统的功能，使用类图来描述业务中的事物，使用活动图、交互图、状态图来对系统动态行为建模。在完成这些设计后，分析人员就需要将这些逻辑设计图转化成实际的事物，如可执行文件、源代码、应用程序库等。在此过程中，会发现有些组件必须重新建立，而有些组件则可以进行复用。因此，可以使用组件图（Component Diagram）来可视化物理组件以及它们之间的关系，并描述其构造细节。

组件图是对面向对象系统的物理方面建模时使用的两种类型图之一（另一种图是部署图），用于描述软件组件以及组件之间的组织和依赖关系。组件图有利于：

（1）帮助客户理解最终的系统结构；

（2）使开发工作有一个明确的目标；

（3）复用软件组件；

（4）帮助开发组的其他人员理解系统。例如，编写文档和帮助的开发人员不直接参与系统的分析和设计，然而他们对系统的理解直接影响到系统文档的质量，而组件图是帮助他们理解系统的有力工具。

构成组件图的元素包括组件（component）、接口（interface）和关系（relationship），还可以包括包（package）和子系统（subsystem），它们有助于将系统中的模型元素组织成更大的组块。

1．组件

组件（Component）是系统中遵从一组接口且提供实现的一个物理部件，通常指开发和运行时类的物理实现。组件常用于对可分配的物理单元建模，这些物理单元包含模型元素，并具有身份标识和明确定义的接口，它具有很广泛的定义，以下的一些内容都可以被认为是组件：程序源代码、子系统、动态链接库等。组件的图形表示法是把组件画成带有两个标签的矩形。

每一个组件都必须有一个唯一的名称（name）。名称是一个字符串，只有一个单独的名称称为简单名（simple name）；在简单名前加上构件所在包的名称称为路径名（path name）。

注意：组件名可包含任意数量的字母、数字及某些标点符号。在实际应用中，组件名通常是从实现的词汇中抽取短名词或名词短语，再根据文件类型加上相应的扩展名。如图 4.2.1 所示的组件就叫做 title.java。

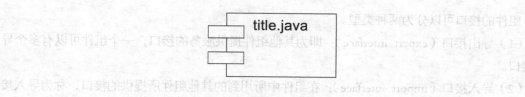

图 4.2.1

组件在许多方面都与类相同：二者都有名称；都可以实现一组接口；都可以参与依赖、泛化和关联关系；都可以被嵌套；都可以有实例；都可以参与交互。但是组件和类之间也有一些显著的差别。

（1）类表示逻辑抽象，而组件表示存在于计算机中的物理抽象。简言之，组件是可以存在于可实际的运行的计算机上的，而类不可以。

（2）组件表示的是物理模块而不是逻辑模块，与类处于不同的抽象级别。组件是一组其他逻辑元素的物理实现（如类及其协作关系），而类仅仅只是逻辑上的概念。

（3）类可以直接拥有属性和操作；而一般情况下，组件仅拥有只能通过其接口访问的操作。

这表明虽然组件和类都可以实现一个接口，但是组件的服务一般只能通过其接口来访问。

组件可以分为以下 3 种类型。

（1）实施组件（Deployment Component）：实施组件是构成一个可执行系统必要和充分的组件，如动态链接库（DLL）、二进制可执行体（EXE）、ActiveX 控件和 JavaBean 组件等。

（2）工作产品组件（Work Product Component）：这类组件主要是开发过程的产物，包括创建实施组件的源代码文件及数据文件，这些组件并不是直接地参加可执行系统，而开发过程中的工作产品，用于产生可执行系统。

（3）执行组件（Execution Component）：这类组件是作为一个正在执行的系统的结果而被创建的，例如，由 DLL 实例化形成的 COM + 对象。

以常用的记事本（notepad.exe）程序为例：没有运行时，存在磁盘上的 notepad.exe 就是实施组件；当开始运行记事本程序时，在内存中运行的 notepad.exe 就称为执行组件；而 notepad 程序的源文件，就是工作产品组件。

2．接口

接口（Interface）是一组用于描述类或组件的一个服务的操作，它是一个被命名的操作的集合，与类不同，它不描述任何结构（因此不包含任何属性），也不描述任何实现（因此不包括任何实现操作的方法）。每个接口都有一个唯一的名称。名称（name）是一个文字串。单独的一个名称称为简单名（simple name）；路径名（path name）是以接口所在的包的名称为前缀的接口名。接口在图形上使用圆来表示，如图 4.2.2 所示。

接口

图 4.2.2

组件的接口可以分为两种类型。

（1）导出接口（expert interface）：即为其他组件提供服务的接口，一个组件可以有多个导出接口。

（2）导入接口（import interface）：在组件中所用到的其他组件所提供的接口，称为导入接口，一个组件可以使用多个导入接口。

前面提到，绘制组件图的用途之一就是有利于软件系统的组件重用。而使用接口则是组件重用的重要方法。系统开发人员可以在另一个系统中使用一个已有的组件，只要新系统能使用组件的接口访问组件。他们还可以使用新的组件替换已有组件，只要新的组件和被替换组件接口标准一致。这在实际软件领域已经有了广泛的使用，例如，许多软件的升级补丁就是使用接口一致的新组件替换旧组件。

3．关系

关系（relationship）是事物之间的联系，在面向对象的建模中，最重要的关系是依赖、泛化、关联和实现，但组件图中使用最多的是依赖和实现关系。从概念上理解，组件图可以算作一种特殊的类图，它重点描述系统的组件以及它们间的关系。

组件图中的依赖关系使用虚线箭头表示，如图 4.2.3 表示 A 依赖 B，它说明 B 事物的变化可能影响到使用它的另一个事物 A，但反之未必。

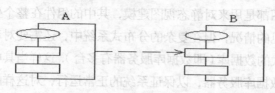

图 4.2.3

实现关系使用实线表示。实现关系多用于组件和接口之间。组件可以实现接口。这只是一种简单的说法，实际上是组件中的类实现了接口中的定义的方法。图 4.2.4 表示组件 A 实现接口 B。假定在接口 B 中只定义了一个方法 displayInfo，那么 A 实现 B 的确切意思是在组件 A 中的类实现了接口 B 中定义的 displayInfo 方法。

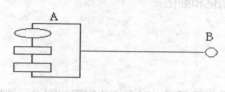

图 4.2.4

4．使用组件图对系统建模

组件图用于对系统的静态实现视图建模，这种视图主要支持系统部件的配置管理。通常可以按下列 4 种方式之一来使用组件图。

（1）对源代码建模。

在开发过程的构造阶段，需要不断地为新版本创建新的文件，并对旧版本进行维护，因此需要引入版本管理系统来对版本进行管理，在多数情况下，可以使用集成开发环境（IDE）来帮助进行跟踪，但是使用组件图来可视化源代码文件及其之间的相互依赖关系有助于管理和理解版本的变化和相互关系。

（2）对可执行体的发布建模。

发布一个简单的应用较为容易：只要复制，发行即可。对这种简单的系统，对其可视化、描述、构造和文档化都不存在什么困难，因此可以不使用组件图。但发布一个复杂的应用系统就不那么简单了，它不仅需要可执行的主程序（一般是一个.exe 文件），而且还需要所有辅助部分，如动态链接库、数据库、帮助文件和资源文件（图标、音乐等）。在这样的系统中，有些组件是被多个应用共享使用的，随着系统的演化，控制这样一个复杂的配置管理成为一项重要及困难的活动。因此要使用组件图来对可执行体的系统发布进行建模。

（3）对物理数据库建模。

应用系统的数据库设计可以分为逻辑设计和数据设计两部分，数据库逻辑设计主要用于描述系统中需要存储的数据及其之间的相互关系，但如何将逻辑数据库的设计转换成真实存在的物理数据库时，则必须要确定如何映射在逻辑数据库中定义的对象和操作进行，这时可以使用组件图通过可视化的方式来帮助设计人员完成从逻辑设计到物理设计的转化。

（4）对可适应的系统建模。

前面所描述的组件图都是用来对静态视图建模，其中的组件在整个生命周期中都只在一个节点上运行，这是最常见的情况，但在复杂的分布式系统中，还需要对动态视图建模。例如，有的系统可能使用分布式的数据库（即数据库服务器有多台），这样当其中一台服务器出现故障时，可以切换到另一台数据库服务器，以保证系统的正常运行，对这样的系统建模时，需要将组件图、对象图和交互图结合起来使用。

使用组件图建模的步骤可按照下列步骤进行：

（1）对系统中的组件建模；

（2）定义相关组件提供的接口；

（3）对它们间的关系建模；

（4）对建模的结果进行精化和细化。

 任务解决

通过上述知识的学习，我们已经可以对系统的实现视图进行建模。

具体分析如下。

在诚信管理论坛系统中，通过分析发现类可以分为 4 个部分。

（1）操作页面模块（jsp），主要负责用于呈现业务处理结果和与用户交互的相关功能，包括 Login 类（登录页面）、Post 类（发布帖子）等；

（2）业务处理模块（servlet），主要负责响应页面处理完成相应业务处理类，包括 LogonServlet 类、PostServlet 类等；

（3）实体类模块（entity），主要负责用于描述管理论坛中的实体信息，包括 User 类、Topic 类、Reply 类等；

（4）数据表操作模块（dao），主要负责实现数据表操作的相关功能，包括 UserDaoImpl 类、TopicDaoImpl 类等。

现在需要针对诚信管理论坛系统的发帖功能绘制组件图。

绘图步骤如下。

（1）使用 EA 工具打开所创建的项目工程文件，在项目浏览器窗口中创建名为"应用建模"的组件图目录，如图 4.2.5 所示。

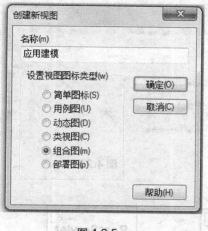

图 4.2.5

（2）右击所创建的组件图目录，在弹出的菜单中选择"添加→添加图"项，在弹出的创建对话框中选择"UML Structural→Component"项，并在名称项输入"发帖功能组件图"，如图 4.2.6 所示。

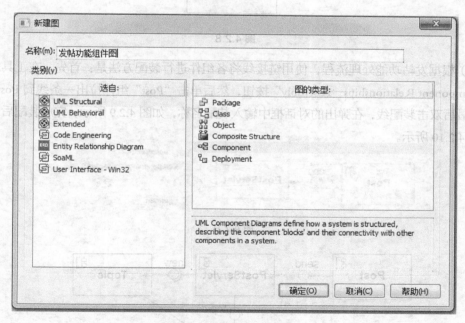

图 4.2.6

（3）打开在第（2）步骤中创建的组件图，使用工具箱中的 Package 分别在组件图中添加 Post 组件、PostServlet 组件、TopicDaoImpl 组件和 Topic 组件，添加方法如图 4.2.7 和图 4.2.8 所示。

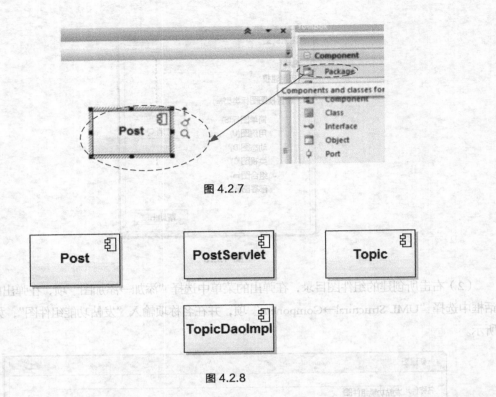

图 4.2.7

图 4.2.8

（4）根据发帖功能处理流程，使用链接线将各组件进行装配方法是：首先，在工具箱中选择"Component Relationships→Assembly"按钮，然后单击"Post"组件拉出一条线到 PostServlet 组件，最后双击装配线，在弹出的对话框中输入装配名称，如图 4.2.9 所示，完成装配后的组件图如图 4.2.10 所示。

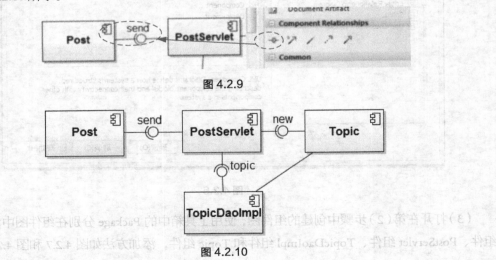

图 4.2.9

图 4.2.10

4.2.2 部署图

软件必须通过硬件才能运行，这表明一个应用系统，应该既包含软件又包含硬件。组件图用于描述系统中软件的组成，但没有描述系统中与硬件有关的组成情况。部署图（Deployment Diagram）则用于描述系统硬件的物理拓扑结构以及在此结构上运行的软件。部署图可以显示计算节点的拓扑结构、通信路径、节点上运行的软件、软件包含的逻辑单元（对象、类等）。尤其是对于分布式系统而言，部署图可以清楚地描述硬件设备的配置、通信路径以及在各设备上软件的配置。部署图中的节点代表某种计算组件，通常指硬件，如：服务器、打印机。要指明的是在部署图中，组件代表可执行的物理代码模块，如：一个可执行程序。当然在逻辑上，组件可以与类图中的包或类对应起来。因此，部署图可以显示运行时各个包或类在节点中的分布情况。由此可见部署图是描述任何基于计算机的应用系统（特别是基于 Internet 和 Web 的分布式计算系统）的物理配置的有力工具。

构成部署图的元素主要是节点（node）、组件（component）和关系（relationship）。

1．节点

节点（node）是存在于运行时并代表一项计算资源的物理元素，一般至少拥有一些内存，而且通常具有处理能力。它一般用于对执行处理或计算的资源建模，通常具有两方面内容：能力（如：基本内存、计算能力和二级存储器）和位置（在所有必需的地方均可得到）。在建模过程中，可以把节点分成两种类型。

（1）处理器（Processor）：能够执行软件组件、具有计算能力的节点。

（2）设备（Device）：没有计算能力的节点，通常是通过其接口为外界提供某种服务，例如，打印机、扫描仪等都是设备。

在 UML 中，图形上节点使用一个三维立方体来表示，如图 4.2.11 所示。

图 4.2.11

每一个节点都必须有一个唯一的名称（name）。节点的名字位于节点图标内部，节点名是一个文本串。只有一个单独的名称称为简单名（simple name）；在简单名前加上节点所在的包的名称称为路径名（path name）。节点图标还可以划分出多个区域，每个区域中可以添加一些细节的信息，例如，在该节点上运行的软件或者该节点的功能等。

2．组件

部署图中还可以包含组件（Component），这里所指的组件就是 4.2.1 小节中介绍的组件图中的基本元素，它是系统可替换的物理部件。可将组件包含在节点符号中，表示它们处于在同一个节点上。

节点和组件的关系如下。

（1）组件是参与系统执行的事物，而节点是执行组件的事物。简单地说就是组件是被节点执行的事物，如假设节点是一台服务器，则组件就是其上运行的软件。

（2）组件表示逻辑元素的物理模块，而节点表示组件的物理部署。这表明一个组件是逻辑单元（如类）的物理实现，而一个节点则是组件被部署的地点。一个类可以被一个或多个组件实现，而一个组件也可以部署在一个或多个节点上。

分配在一个节点上作为一组的对象或组件的集合称为一个分布单元（distribution unit）。

3．关系

部署图中也可以包括依赖、泛化、关联及实现关系（relationship）。部署图中的依赖关系使用虚线箭头表示。它通常用在部署图中的组件和组件之间。

关联关系常用于对节点之间的通信路径或连接进行建模。关联用一条直线表示，说明在节点间存在某类通信路径，节点通过这条通信路径交换对象或发送信息。如：串口连接、网络连接等。

4．图标

在绘图时，如果仅仅使用一个图标表示节点可能会有所不便，因此在一些建模工具里都为不同类型的节点定义了特定的图标，这既便于系统设计师在建模时使用，也便于其他人员理解。下面以 Rational EA 为例，介绍几个特定类型的图标。

（1）处理器（Processor），表示具有运算能力的节点，如图 4.2.12 所示。

图 4.2.12

（2）设备（Device），表示没有运算能力的节点，如图 4.2.13 所示。

图 4.2.13

（3）通信路径（Connection），表示节点之间的通信关系，如图 4.2.14 所示。

图 4.2.14

5．使用部署图对系统建模

部署图用于对系统的实现视图建模。绘制这些视图主要是为了描述系统中各个物理组成部分的分布、提交和安装过程。

在实际应用中，并不是每一个软件开发项目都必须绘制部署图。如果项目开发组所开发的软件系统只需要运行于一台计算机并且只需使用此计算机上已经由操作系统管理的标准设备

（如键盘、显示器等），这种情况下就没有必要绘制部署图了。另一方面，如果项目开发组所开发的软件系统需要使用操作系统管理以外的设备（如数码相机和路由器等），或者系统中的设备分布在多个处理器上，这里就有必要绘制部署图，以帮助开发人员理解系统中软件和硬件的映射关系。

绘制系统部署图，可以参照以下步骤进行：

（1）对系统中的节点建模；

（2）对节点间的关系建模；

（3）对节点中的组件建模，这些组件来自组件图；

（4）对组件间的关系建模；

（5）对建模的结果进行精化和细化。

任务解决

通过对部署图中有关知识的学习，现在可以画出系统的部署图了。

具体分析如下。

诚信管理论坛系统是一个基于网络的 Web 应用系统，因此系统中存在 3 类节点：

（1）浏览器端，其类型是 Processor；

（2）服务器端，其类型是 Processor；

（3）数据库设备，其类型是 devive。

绘图步骤如下。

（1）创建部署视图，首先使用 EA 打开项目工程文件，然后右击项目浏览器窗口中的根目录，在弹出的菜单中选择"添加→新建增图"项，接着在弹出的创建对话框中输入所创建部署视图名称，并选择创建视图类型为"部署图"项，最后单击"确定"按钮完成部署视图创建的操作，如图 4.2.15 所示。

图 4.2.15

（2）在部署视图中添加部署图，其方法是：首先右击前述所创建的部署视图，在弹出的菜单中选择"添加→添加图",然后在弹出的新建图对话框中输入部署图名称,并选择所创建图的类型为"UML Structural→Deployment"项,最后单击"确定"按钮完成部署图创建。

（3）在部署图中添加各种类型节点,添加方法是:首先在工具箱中选择"Execution Environment"按钮,然后在部署图单击左键创建新的节点;接着在弹出的节点设置对话框中设置节点名称与构造类型;最后单击窗体中的"确定"按钮完成节点创建的操作,如图 4.2.16 和图 4.2.17 所示。

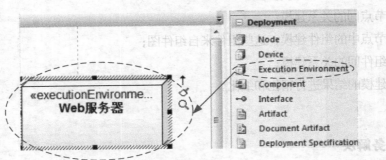

图 4.2.16

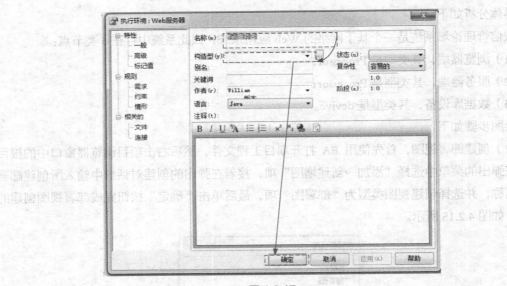

图 4.2.17

（4）按照上述方法分别向部署图添加浏览端节点和数据文件设备节点,如图 4.2.18 所示。

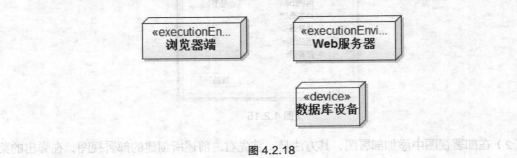

图 4.2.18

（5）在工具箱中选择"Deployment Relationships→associate"按钮，在两个节点之间创建连接，如图 4.2.19 所示。

图 4.2.19

4.2.3 技能提升——在线聊天系统应用建模

 任务布置

根据在线聊天系统设计与运行情况，绘制相应的组件图与部署图。

1. 绘制在线聊天系统组件图
2. 绘制在线聊天系统部署图

 任务实现

在对在线聊天系统进行分析与设计的基础之上，使用组件图和部署图对系统进行应用建模。实现步骤如下：

（1）绘制应用系统的组件图；
（2）绘制应用系统的部署图。

 小结

本节我们学习了如下内容。

1．组件图

组件图是对面向对象系统的物理方面建模时使用的两种图之一，用于描述软件组件以及组件之间的组织和依赖关系，构成组件图的元素包括组件（component）、接口（interface）和关系（relationship）。

（1）组件。

组件是系统中遵从一组接口且提供实现的一个物理部件，通常指开发和运行时类的物理实现，组件的图形表示法是把组件画成带有两个标签的矩形。组件可以分为以下 3 种类型：

① 实施组件；

② 工作产品组件；

③ 执行组件。

（2）接口。

接口是一组用于描述类或组件的一个服务的操作，它是一个被命名的操作的集合，与类不同，它不描述任何结构（因此不包含任何属性），也不描述任何实现（因此不包括任何实现操作的方法）。接口在图形上使用圆来表示。组件的接口可以分为两种类型：

① 导出接口；

② 导入接口。

（3）关系。

关系是事物之间的联系，组件图中使用最多的是依赖和实现关系。依赖关系使用虚线箭头表示。实现关系使用实线表示。

（4）补充图标。

以 Rational EA 工具为例，介绍了几个特定类型的图标，包括主程序（main program）、包（package）、子程序（subprogram）、任务（task）等。

（5）使用组件图对系统建模。

组件图用于对系统的静态实现视图建模，这种视图主要支持系统部件的配置管理。通常可以按下列 4 种方式之一来使用组件图。

① 对源代码建模；

② 对可执行体的发布建模；

③ 对物理数据库建模；

④ 对可适应的系统建模。

2．部署图

部署图用于描述系统硬件的物理拓扑结构以及在此结构上运行的软件的图形，部署图可以显示计算节点的拓扑结构、通信路径、节点上运行的软件、软件包含的逻辑单元（对象、类等）。构成部署图的元素主要是节点（node）、组件（component）和关系（relationship）。

节点（node）。

节点是存在于运行时并代表一项计算资源的物理元素，一般至少拥有一些内存，而且通常具有处理能力。节点分成以下两种类型。

① 处理器（Processor）：能够执行软件组件、具有计算能力的节点。

② 设备（Device）：没有计算能力的节点，通常是通过其接口为外界提供某种服务。

③ 组件（Component）。

部署图中还可以包含组件，这里所指的组件就是本节中介绍的组件图中的基本元素，它是系统可替换的物理部件。

节点和组件的关系如下。

① 组件是参与系统执行的事物，而节点是执行组件的事物。简单地说就是组件是被节点执行的事物。

② 组件表示逻辑元素的物理模块，而节点表示组件的物理部署。

4.3 正向工程与逆向工程

 内容提要

本节讨论模型的正向工程和逆向工程，所谓正向工程指的是利用工具将模型转换成指定语言类型的代码，而所谓的逆向工程则是指利用工具从已有的代码中生成系统模型的某些图形。本节主要内容如下：

- 正向工程的基本概念
- 利用 EA 工具生成代码框架
- 逆向工程的基本概念
- 利用 EA 工具从代码中生成模型

 任务

现在，HNS 软件学院的 J—QQ 聊天系统的分析和设计工作已经基本完成，即将进入编码阶段。为了加快编码进度，可以利用建模工具执行正向工程，将系统中的模型转换成指定语言类型的代码框架。现系统分析部指派你来完成该项任务。

建模是重要的，但是要记住开发组的主要产品是软件——可以运行的二进制代码，而不是模型。当然创建模型的原因是为了及时交付满足用户及业务发展目标的正确软件。因此，使创建的模型与交付的产品（软件）相匹配，并使二者保持同步的代价减少到最少（甚至为零）是非常重要的。这涉及将模型转换成代码，及将代码转变成模型两个过程，如图 4.3.1 所示。

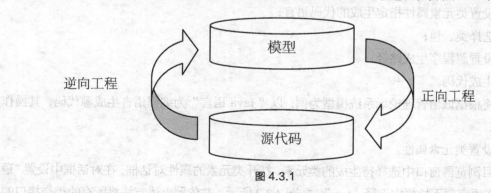

图 4.3.1

在大多数情况下，需要将所创建的模型转变成代码，但 UML 并本身不提供这种转换功能（UML 只是一种建模语言，不是工具）。虽然 UML 没有指定对任何面向对象编程语言的映射，但 UML 还是考虑了这样的需要，UML 中的规范使得将某些建模元素转变成代码成为可能，特别是对类图来说，可以将类图中的内容清楚地映射到各种实际使用的面向对象语言，如 Java、C++、Object Pascal（开发工具 Delphi 的编程语言）等。

但是，要记住不是所有 UML 中的模型元素都可以被映射成代码。例如，如果使用活动图对业务过程建模，则很多被建模的活动要涉及业务人员而不是计算机，那么活动图中的这些业务人员极有可能就不会被转换。

4.3.1　正向工程

1．基本概念

正向过程（forward engineering）是通过到实现语言的映射而把模型转换为代码的过程。由于用 UML 描述的模型在语义上比当前的任何的面向对象编程语言都要丰富，所以正向工程将导致一定的信息损失。事实上，这也是为什么除了代码之外还需要模型的主要原因。UML 中的大部分图，如：类图、组件图和状态图，都可以在正向工程和逆向工程中选用，因为它们所描述的物体都在最终的可执行文件中存在，而像用例图就不会，因为用例图并不详细描述一个系统或子系统的实现过程，还有诸如协作这样的结构特征和交互这样的行为特征，虽然在 UML 中能被清晰地可视化，但也难以在源代码中被清晰地描述。

UML 的正向工程和逆向工程都需要通过建模工具的支持才能实现，这里介绍如何使用 EA 工具来实现 Java 语言的正向过程和逆向工程，当然也可以使用其他建模工具来进行 UML 的正向和逆向工程，比如 Borland 公司的 Together 工具。

2．利用 EA 工具生成代码框架

EA 最强大的功能之一是能够根据所创建的模型生成目标源代码。EA 可以生成多种编程语言的源代码，这些语言包括 C/C++、C#、Java、Delphi、Visual Basic、PHP 和 Action Script 等主流编程语言，还支持数据库代码生成和逆向工程。

使用 EA 生成代码的基本步骤有 4 步：

（1）设置类元素属性指定生成的代码语言；

（2）选择类、包；

（3）设置源程序生成路径；

（4）生成代码。

下面将根据诚信管理论坛系统模型为例，以"Java 语言"为编程语言生成源代码，其操作步骤如下。

（1）设置类元素属性。

在项目浏览器窗口中选择待生成的类元素，打开类元素的属性对话框，在对话框中设置"语言"项，在语言项下拉框中选择"Java"，如图 4.3.2 所示。并依照上述方法将所有的类与接口的语言均设置为"Java"。

图 4.3.2

（2）选择待生成的包、类元素。

首先在项目浏览器窗口中，右击待生成类所在根包名称（本示例为 hnkjxy），然后在弹出的菜单中选择"源码工程→生成源代码"项，如图 4.3.3 所示，接着弹出的源代码生成对话框中选中"包括所有子包"项，EA 就会将该包及子包下的所有类元素列出；最后就可以在"选择要生成代码的对象"列表中选择需要生成代码类，如需要将所有的对象都生成为源程序，可单击"选择所有项"按钮即可，如图 4.3.4 所示。

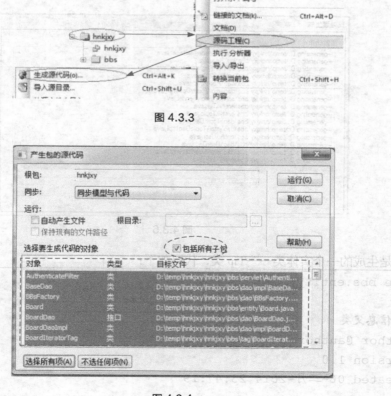

图 4.3.3

图 4.3.4

（3）设置源程序生成路径。

在图 4.3.4 所示的对话框中，选中"运行→自动产生文件"项后，系统会弹出程序文件生路径选择对话框，如图 4.3.5 所示。

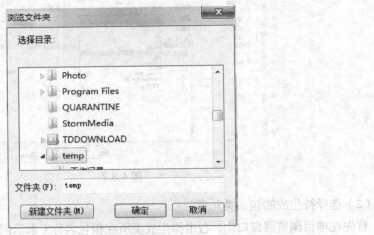

图 4.3.5

（4）生成代码。

完成上述的设置之后，单击图 4.3.4 所示对话框中的"运行"按钮，系统就会执行源程序生成命令，系统会弹出一个转换进程窗体以显示转换过程，如成功将会提示成功信息，如图 4.3.6 所示。

图 4.3.6

下面是生成的一个实体类——Tip 类，代码如下：

```
package bbs.entity;
/**
* 帖子信息父类
* @author @author
* @version 1.0
* @created 06-二月-2014 23:47:19
*/
```

```
public class Tip {
    /**
     * 帖子内容
     */
    private String content;
    /**
     * 修改时间
     */
    private String modifyTime;
    /**
     * 帖子发表时间
     */
    private String publishTime;
    /**
     * 帖子标题
     */
    private String title;
    /**
     * 发贴人编号
     */
    protected int uId;
    public Tip() {
    }
    public void finalize() throws Throwable {
    }
    public String getContent(){
        return "";
    }
    public String getModifyTime(){
        return "";
    }
    public String getPublishTime(){
        return "";
    }
    public String getTitle(){
        return "";
    }
    public int getUId(){
        return 0;
    }
    public void setContent(String content){
```

```
    }
    public void setModifyTime(String modifyTime){
    }
    public void setPublishTime(String publishTime){
    }
    public void setTitle(String title){
    }
    public void setuId(int uId){
    }
}
```

注：由上述所生成的源程序可知，EA 工具源代码生成工具只是将类元素转换为 Java 程序类源程序，只是一些属性和方法的定义，并没有生成方法的实现程序。

4.3.2 逆向工程

1．基本概念

术语"逆向工程"（Reverse Engineering）最初来自于硬件领域，一个公司通过分解竞争者的产品发现其工作原理，以达到复制硬件系统的目的。但是，逆向工程不仅仅适用于硬件领域，也同样适用于其他领域，例如，在软件工程中，逆向工程可用于描述公司自己的软件系统（通常是多年以前的）的工作原理。因此，软件的逆向工程是分析程序，以便在比源代码更高的抽象层次上创建程序的某种表示的过程，换句话说，逆向工程是通过从特定实现语言的映射而把代码转换为模型的过程。

逆向工程并不改变目标系统（即已经存在的二进制代码），它是一个检查和设计恢复的过程，而不是修改的过程。逆向工程通过标识对象，发现其间关系，并从现有的程序中抽取数据设计、体系结构设计和过程设计的信息，从而辅助对系统的理解。逆向工程涉及的对象可分为以下 3 类。

（1）数据：作为学习、推理和讨论基础的实际信息。

（2）知识：所知内容的总和，包括数据以及从数据中推导出的关系和规则。

（3）信息：相互交织的交流知识。

基于这 3 类对象，Scott R.Tilley 等人给出了逆向工程的 3 个规范活动：数据收集、知识组织、信息浏览。

逆向工程适用于软件生命周期的各个阶段和各种抽象层次，包括需求、设计和实现，例如，把二进制代码转换成源代码，但主要用于将程序源代码转换为更高层次的表示，如：设计模型中的类图、组件图等。

逆向工程会导致大量的冗余信息，其中的一些信息属于实现细节，对于构建模型来说过于详细。同时，逆向工程也是一个不完整的过程，因为模型在进行正向过程时已经丢失了一些模型信息，所以基本不可能从代码中产生一个与原来模型完全一致的模型。

信息技术项目的一个挑战就是保持对象模型和代码的一致性。随着需求的不断变更，人们可以直接改变代码，而不是改变模型再从这个模型生成代码。逆向工程可以帮助我们使模型与代码保持同步。

2. 利用 EA 工具实施逆向工程

EA 中的逆向工程就是利用源代码中的信息创建或更新 UML 模型。在逆向工程代码过程中，EA 从代码中读取组件、包、类、关系、属性和操作。将这些信息读进 UML 模型后，就可以进行所需的改变，然后通过 EA 的正向工程特性重新生成代码。

逆向工程过程中 EA 收集类（classes）、属性（Attributes）、操作（Operations），关系（Relationships）、包（Packages 和）组件（Components）这些元素的信息。EA 将利用这些信息来创建或更新对象模型。如源代码文件包含类，则逆向工程代码过程创建 EA 模型中的相应类，同时类的每个属性和操作都表现为 EA 模型中新类的属性和操作，另外，除了属性和操作名外，EA 还取得可见性、数据类型、默认值等信息。

如果以前用 EA 创建类，然后在代码中进行改变，则逆向工程代码可以在模型中体现这个变化。例如，如果删除代码中的一个操作，则逆向工程代码过程中可以在模型中删除这个操作；如果直接将属性或操作加进代码中，逆向工程代码过程中可以在模型中增加这个属性和操作。

除了类之外，EA 还收集代码中的关系信息。如果一个类包括的属性数据类型为另一个类，则 EA 创建这两个类之间的关系。

EA 模型中还生成继承关系。EA 创建泛化关系以支持代码中的继承。如果模型中有基础类包（父类），则 EA 在逆向工程代码类与基础类之间生成泛化关系。

另外，逆向工程过程后，代码中的组件也会在 EA 中的组件模型中体现。

下面在 Tip 代码中增加一个方法 setUser，其定义为

```
private User user;
public void setUser(User user)
{
  this.user=user;
}
```

则整个 User 类的完整代码如下：

```
package bbs.entity;
/**
 * 帖子信息父类
 * @author @author
 * @version 1.0
 * @created 06-二月-2014 23:47:19
 */
public class Tip {
    /**
     * 帖子内容
     */
```

```java
    private String content;
    /**
     * 修改时间
     */
    private String modifyTime;
    /**
     * 帖子发表时间
     */
    private String publishTime;
    /**
     * 帖子标题
     */
    private String title;
    /**
     * 发贴人编号
     */
    protected int uId;
    /**
     *发帖人信息
     */
    private User user;
    public void setUser(User user){
            this.user = user;
    }
    public Tip(){
    }
    public void finalize() throws Throwable {
    }
    public String getContent(){
        return "";
    }
    public String getModifyTime(){
        return "";
    }
    public String getPublishTime(){
        return "";
    }
    public String getTitle(){
        return "";
    }
    public int getUId(){
```

```
      return 0;
   }
   public void setContent(String content){
   }
   public void setModifyTime(String modifyTime){
   }
   public void setPublishTime(String publishTime){
   }
   public void setTitle(String title){
   }
   public void setuId(int uId){
   }
}
```

（1）在项目浏览器窗口中右击“hnkjxy”包名，在弹出的菜单中选择“源码工程→从源文件中导入→Java”项，如图 4.3.7 所示。在弹出的程序文件选择对话框中将上述修改的文件选中，并单击“打开”完成文件选择。

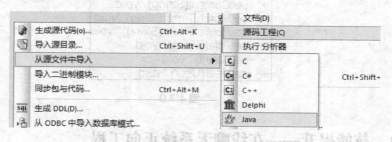

图 4.3.7

（2）完成文件选择之后，EA 将会自动执行逆向导入操作，并通过转换信息提示窗体来显示转换成果，如图 4.3.8 所示。

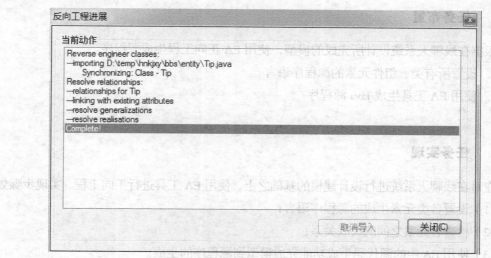

图 4.3.8

（3）在项目浏览器窗口中，展开 Tip 类，可以发现新增加的属性和方法，已经在模型得到体现，如图 4.3.9 所示。

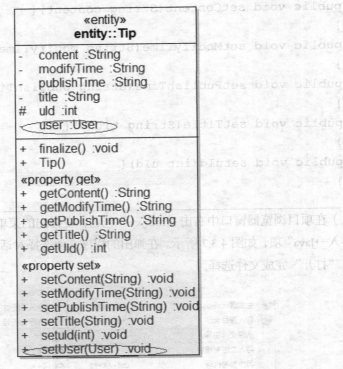

图 4.3.9

4.3.3 技能提升——在线聊天系统正向工程

任务布置

根据在线聊天系统设计所完成的模型，使用 EA 正向工程生成源程序。

1. 设置所有类、组件元素的源程序语言
2. 使用 EA 工具生成 Java 源程序

任务实现

在对在线聊天系统进行设计建模的基础之上，使用 EA 工具进行工向工程。实现步骤如下：

（1）设置各类元素生成的源程序语言；

（2）检查各元素之间的关联关系；

（3）使用 EA 中的源代码生成功能完成模型到源程序的生成。

小结

本节我们学习了如下内容。

（1）正向工程。

正向过程是通过到实现语言的映射而把模型转换为代码的过程。由于用 UML 描述的模型在语义上比当前的任何的面向对象编程语言都要丰富，所以正向工程将导致一定的信息损失。可以使用 EA 工具来支持 UML 的正向工程，使用 EA 生成代码的基本步骤有 6 步：

　① 检查模型；

　② 创建组件；

　③ 将类映射到组件；

　④ 设置代码生成属性；

　⑤ 选择类、组件和包；

　⑥ 生成代码。

（2）逆向工程。

逆向工程是通过从特定实现语言的映射而把代码转换为模型的过程，它具有以下一些特点：

　① 逆向工程不改变目标系统，它是一个检查和设计恢复的过程，而不是修改的过程；

　② 逆向工程适用于软件生命周期的各个阶段和各种抽象层次；

　③ 逆向工程基本不可能从代码中产生一个与原来模型完全一致的模型；

　④ 逆向工程可以帮助我们使模型与代码保持同步。

可以利用 EA 工具实施逆向工程，在逆向工程代码过程中，EA 从代码中读取组件、包、类、关系、属性和操作。将这些信息读进 EA 模型后，就可以进行所需的改变，然后通过 EA 的正向工程特性重新生成代码。

作业

1. 什么是对象图？请简述对象图的作用？

2. 包的访问可见性有几种？请描述各访问可见性的区别。

3. 使用包技术对 HNS 图书馆的设计模型进行组织和管理。

4. 请描述组件图和部署图的关系。

5. 请叙述类、组件和节点的关系。

6. HNS 的图书管理系统采用 C/S 架构，由一台单独的数据库服务器、6 台客户机和 1 台共享打印机组成，每台客户机都配备 1 台扫描仪。请画出该系统的部署图。

7. 什么是正向过程？使用 EA 工具实现正向过程有哪些基本步骤？

8. 什么是逆向工程？逆向工程有哪些特性？

9. 使用 EA 工具对你曾经编写过的一个 Java 程序实施逆向工程。

10. 对如下图形，要求用 Java 语言将其描述出来。

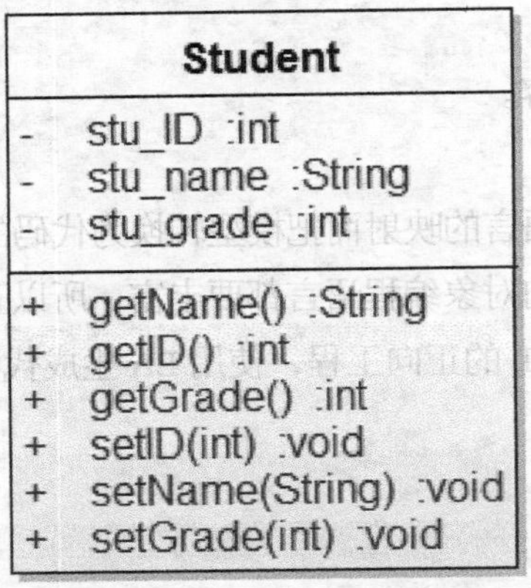

Student
- stu_ID :int
- stu_name :String
- stu_grade :int
+ getName() :String
+ getID() :int
+ getGrade() :int
+ setID(int) :void
+ setName(String) :void
+ setGrade(int) :void

图 4.3.10

本项目小结

通过本项目的学习，使读者掌握如何在架构设计的基础上，运用 UML 对系统的实现和实施视图进行建模。本项目主要介绍了如下内容。

1. 对象图

对象图（Object Diagram）是描述系统中在某一时刻，一组对象以及它们之间关系的图形。对象图可以看作是类图在系统某一时刻的实例。对象图中一般包括"对象"和"链"两类基本的模型元素。

2. 包

包（Package）是用于把元素组织成组的通用机制。包有助于组织模型中的元素，使你更容易理解系统模型，并在某种程度上控制个体元素的可见性以及对它们的访问。包类成员的可见性有：公有、私有和受保护 3 种。

3. 组件图

组件图（Component Diagram）是对面向对象系统的物理方面建模时使用的两种图之一，用于描述软件组件以及组件之间的组织和依赖关系，使用组件图可以可视化物理组件以及它们之间的关系，并描述其构造细节。构成组件图的元素包括组件、接口和关系。

4. 部署图

部署图（Deployment Diagram）则用于描述系统硬件的物理拓扑结构以及在此结构上运行的软件，而组件图只用于描述系统中软件的构成。部署图可以显示系统中计算节点的拓扑结构、通信路径、节点运行的软件、软件包含的逻辑单元（对象、类等）。构成部署图的元素主要是节点、组件和关系。

5. 正向工程

正向过程（Forward Engineering）是通过到实现语言的映射而把模型转换为代码的过程。

UML 中的规范使得将某些建模元素转变成代码成为可能，例如，类图。UML 的正向工程和逆向工程都需要通过建模工具的支持才能实现。

6．逆向工程

逆向工程（Reverse Engineering）是通过从特定实现语言的映射而把代码转换为模型的过程。它具有以下一些特点。

（1）逆向工程不改变目标系统，它是一个检查和设计恢复的过程，而不是修改的过程。

（2）逆向工程适用于软件生命周期的各个阶段和各种抽象层次。

（3）逆向工程基本不可能从代码中产生一个与原来模型完全一致的模型。

（4）逆向工程可以帮助我们使模型与代码保持同步。

 专业术语

Component Diagram　[kəm'pəʊnənt]['daɪəgræm]　组件图	
Deployment Diagram　[dɪ'plɔɪmənt]['daɪəgræm]　部署图	
Documentation　[dɒkjumen'teɪʃn]　文档	
Export　['ekspɔːt]　导出	
Forward Engineering　['fɔːwəd][ˌendʒɪ'nɪərɪŋ]　正向工程	
Framework　['freɪmwɜːk]　框架	
Import　['ɪmpɔːt]　引入	
Link　[lɪŋk]　链	
Object Diagram　['ɒbdʒɪkt]['daɪəgræm]　对象图	
Package　['pækɪdʒ]　包	
Processor　['prəʊsesə(r)]　处理器	
Reverse Engineering　[rɪ'vɜːs][ˌendʒɪ'nɪərɪŋ]　逆向工程	
Specification　[ˌspesɪfɪ'keɪʃn]　规范	
Stub　[stʌb]　桩	
Subsystem　[sʌb 'sɪstəm]　子系统	
Task　[tɑːsk]　任务	

软件建模技术理论考核试卷（一）

一、选择题（每题两分，共 60 分，每题只有一个正确答案）

1. 下列描述中，哪个不是建模的基本原则？（　　　）

　　A. 要仔细的选择模型

　　B. 每一种模型可以在不同的精度级别上表示所要开发的系统

　　C. 模型要与现实相联系

　　D. 对一个重要的系统用一个模型就可以充分描述

2. 下列关于软件特点的描述中，哪个是错误的？（　　　）

　　A. 软件是被开发或设计的，而不是被制造的

　　B. 软件不会"磨损"，但会"退化"

　　C. 软件的开发已经摆脱了手工艺作坊的开发方式

　　D. 软件是复杂的

3. 在 UML 中，有 3 种基本构造块，分别是（　　　）。

　　A. 事物、关系和图

　　B. 注释、关系和图

　　C. 事物、关系和结构

　　D. 注释、关系和结构

4. 在 UML 中，有四种关系，下面哪个不是？（　　）

　　A. 依赖关系　　　　　　B. 继承关系　　　　　　C.泛化关系　　　　　　D.实现关系

5. 下面哪个不是 UML 中的静态视图？（　　）

　　A. 状态图　　　　　　B. 用例图　　　　　　C. 对象图　　　　　　D. 类图

6. 用户在银行员工的指导下，使用 ATM 机，查阅银行帐务系统的个人帐务数据，并打印其个人用户帐单。在上述过程中，对 ATM 机管理系统而言，哪个不是系统的参与者？（　　　）

　　A. 用户　　　　　　B. 银行员工　　　　　　C. 打印系统　　　　　　D. 帐务系统

7. 在用例之间，会有三种不同的关系，下列哪个不是他们之间可能的关系？（　　　）

　　A. 包含（include）　　　　　　　　　　B. 扩展（extend）

　　C. 泛化（generalization）　　　　　　　D. 关联（connect）

8. 下列关于活动图的说法错误的是（　　　）。

　　A. 一张活动图从本质上说是一个流程图，显示从活动到活动的控制流

　　B. 活动图用于对业务过程中顺序和并发的工作流程进行建模。

　　C. 活动图中的基本要素包括状态、转移、分支、分叉和汇合、泳道、对象流。

　　D. 活动图是 UML 中用于对系统的静态方面建模的五种图中的一种

9. 在下面的图例中，哪个用来描述状态（State）？（   ）

      A   B   C   D

10. 事件（event）表示对一个在时间和空间上占据一定位置的有意义的事情的规格说明，下面哪个不是事件的类型？（   ）

    A. 信号　　　　　　　　B. 调用事件　　　　　　C. 空间事件　　　　　　D. 时间事件

11. 下列关于状态图的说法中，正确的是（   ）。

    A. 状态图是 UML 中对系统的静态方面进行建模的五种图之一

    B. 状态图是活动图的一个特例，状态图中的多数状态是活动状态

    C. 活动图和状态图是对一个对象的生命周期进行建模，描述对象随时间变化的行为

    D. 状态图强调对有几个对象参与的活动过程建模，而活动图更强调对单个反应型对象建模

12. 下面（   ）不属于 UML 中的静态视图。

    A. 状态图　　　　　　　B. 用例图　　　　　　　C. 对象图　　　　　　　D. 类图

13. 通常对象有很多属性，但对于外部对象来说某些属性应该不能被直接访问，下面哪个不是 UML 中的类成员访问限定性？（   ）

    A. 公有的（public）　　　　　　　　　　　　B. 受保护的（protected）

    C. 友员（friendly）　　　　　　　　　　　　D. 私有的（private）

14. UML 中类的有三种，下面哪个不是其中之一？（   ）

    A. 实体类　　　　　　　B. 抽象类　　　　　　　C. 控制类　　　　　　　D. 边界类

15. 阅读图例，判断下列哪个说法是错误的？（   ）

    A. 读者可以使用系统的还书用例

    B. 每次执行还书用例都要执行图书查询用例

    C. 每次执行还书用例都要执行交纳罚金用例

    D. 执行还书用例有可能既执行图书查询用例，又执行交纳罚金用例

16. 顺序图是强调消息随时间顺序变化的交互图，下面哪个不是用来描述顺序图的组成部分？（   ）

A. 信号　　　　　　　B. 生命线　　　　　　C. 激活期　　　　　D. 类角色

17. 关于协作图的描述，下列哪个不正确？（　　　）

A. 协作图作为一种交互图，强调的是参加交互的对象的组织

B. 协作图是顺序图的一种特例

C. 协作图中有消息流的顺序号

D. 在 ROSE 工具中，协作图可在顺序图的基础上按"F5"键自动生成

18. 关于包的描述，哪个不正确？（　　　）

A. 和其他建模元素一样，每个包必须有一个区别于其他包的名字

B. 包中可以包含其他元素，比如类、接口、组件、用例等等

C. 包的可见性分为：public、protected、private

D. 导出（export）使的一个包中的元素可以单向访问另一个包中的元素

19. 组件图用于对系统的静态实现视图建模，这种视图主要支持系统部件的配置管理，通常可以分为四种方式来完成，下面哪种不是其中之一？（　　　）

A. 对源代码建模　　　　　　　　　　　B. 对事物建模

C. 对物理数据库建模　　　　　　　　　D. 对可适应的系统建模

20. 下面关于正向工程与逆向工程的描述，哪个不正确？（　　　）

A. 正向工程是通过到实现语言的映射而把模型转换为代码的过程

B. 逆向工程是通过从特定实现语言的映射而把代码转换为模型的过程

C. 正向工程是通过从特定实现语言的映射而把代码转换为模型的过程

D. 正向工程与逆向工程可以通过 rose 支持来实现

21. 在 UML 中，（　　　）把活动图中的活动划分为若干组，并将划分的组指定给对象，这些对象必须履行该组所包括的活动，它能够明确地表示哪些活动是由哪些对象完成的。

A. 组合活动　　　　　B. 同步条　　　　　C. 活动　　　　　D. 泳道

UML 提供了 4 种结构图用于对系统的静态方面进行可视化、详述、构造和文档化。其中（　　　）是面向对象系统建模中最常用的图，用于说明系统的静态设计视图；当需要说明系统的静态实现视图时，应该选择（　　　）；当需要说明体系结构的静态实施视图时，应该选择（　　　）。

22. A. 组件图　　　　　B. 类图　　　　　C. 对象图　　　　　D. 部署图

23. A. 组件图　　　　　B. 协作图　　　　　C. 状态图　　　　　D. 部署图

24. A. 协作图　　　　　B. 对象图　　　　　C. 活动图　　　　　D. 部署图

25. 用例（Use-case）用来描述系统在事件做出响应时所采取的行动。用例之间是具有相关性的。在一个"订单输入子系统"中，创建新订单和更新订单都需要检查用户帐号是否正确。那么，用例"创建新订单"、"更新订单"与用例"检查用户帐号"之间是（　　　）关系。

A. 扩展（extend）　　　　　　　　　　B. 包含（include）

C. 分类（classification）　　　　　　　D. 聚集（aggregation）

26. （　　　）是描述系统中在某一时刻，一组对象以及它们之间关系的图形，其可以看作是类图在系统某一时刻的实例。

A. 组件图   B. 类图   C. 对象图   D. 部署图

27. UML 的全称是(   )。

   A. Unify Modeling Language   B. Unified Modeling Language

   C. Unified Modem Language   D. Unified Making Language

28. 什么是用于描述类或组件的一个服务（功能）的操作集合。(   )

   A. 组件   B. 规范   C. 接口   D. 节点

29. 下列关于类方法的声明，不正确的是 (   )。

   A. 方法定义了类所许可的行动

   B. 从一个类所创建的所有对象可以使用同一组属性和方法

   C. 每个方法应该有一个参数

   D. 如果在同一个类中定义了类似的操作，则他们的行为应该是类似的

30. 节点是存在于运行时并代表一项计算资源的物理元素，没有计算能力的节点称为
(   )。

   A. 处理器   B. 规范   C. 接口   D. 设备

二、图解问答题（每图 10 分，共 40 分）

（1）读图回答下列问题

a. 图中类的名字是_____

b. 类中的成员属性是_____

c. 类中的成员属性的访问可见性是_____

d. 类中的行为（方法）是_____

e. 类中的成员方法的访问可见性是_____

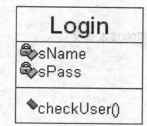

（2）请参考下图，回答问题。

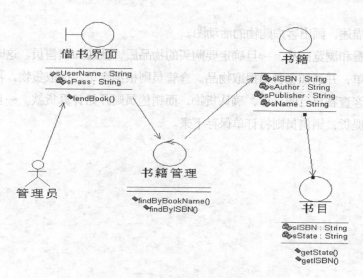

图 A.2

1. 图中的实体类为_____
2. 图中的控制类为_____
3. 图中的边界类为_____
4. "借书界面"类中外部可访问的成员属性有_____

（3）请仔细阅读下图，描述该图的基本含义。

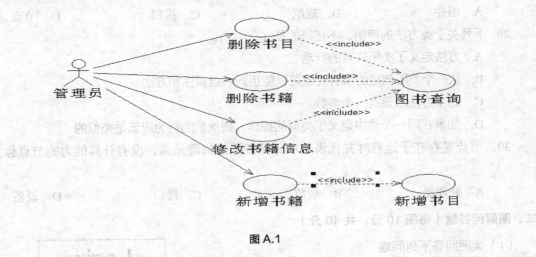

图 A.1

该图的基本含义：

_____

_____

_____

（4）根据下例描述，画出客户购物的活动图。

客户首先在查看和浏览商品，一旦确定要购买的物品后，就通知销售员。这时销售员为购买的物品，开出订单，并通知仓管员提取物品。仓管员则根据定单，提取货物，再把订单交给销售员。这时，顾客查看自己的订单，确认货物，而销售员则开始计算货款。一旦双方都完成后，顾客就付款，提货，销售员则将订单保存下来。

软件建模技术理论考核（二）

一、选择题（每题 2 分，共 60 分，只有一个答案）

1. 什么不是面向对象程序设计的主要特征。（　　　）

    A. 封装　　　　　　C. 多态　　　　　　B. 继承　　　　　　D. 结构

2. UML 中有四种关系是：依赖，泛化，关联和（　　　）

    A. 继承　　　　　　B. 合作　　　　　　C. 实现　　　　　　D. 抽象

3. UML 中的事物包括：结构事物，分组事物，注释事物和（　　　）

    A. 实体事物　　　　B. 边界事物　　　　C. 控制事物　　　　D. 动作事物

4. 在 UML 中，（　　　）图显示了一组类、接口、协作以及它们之间的关系。

    A. 状态图　　　B. 类图　　　　C. 用例图　　　　D. 部署图

5. 下列描述中，哪个不是建模的基本原则（　　　）。

    A. 要仔细的选择模型

    B. 每一种模型可以在不同的精度级别上表示所要开发的系统

    C. 模型要与现实相联系

    D. 对一个重要的系统用一个模型就可以充分描述

6. UML 体系包括三个部分：UML 基本构造块，（　　　）和 UML 公共机制。

    A. UML 规则　　　B. UML 命名　　　C. UML 模型　　　D. UML 约束

7. 软件生存期包括计划，需求分析和定义（　　　），编码，软件测试和运行维护。

    A. 软件开发　　　　　　　　　B. 软件设计（详细设计）

    C. 软件支持　　　　　　　　　D. 软件定义

8. （　　　）模型的缺点是缺乏灵活性，特别是无法解决软件需求不明确或不准确的问题。

    A. 瀑布模型　　　B. 原型模型　　　C. 增量模型　　　D. 螺旋模型

9. 下图是（　　　）。

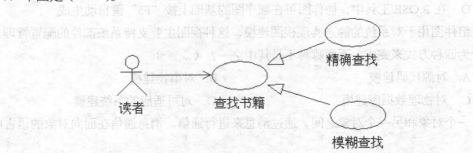

    A. 类图　　　　　B. 用例图　　　　C. 活动图　　　　D. 状态图

10. 下面哪个不是 UML 中的静态视图（　　　）。

    A. 状态图　　　B. 用例图　　　　C. 对象图　　　　D. 类图

11. （　　）技术是将一个活动图中的活动状态进行分组，每一组表示一个特定的类、人或部门，他们负责完成组内的活动。

    A. 泳道　　　　　　B. 分叉汇合　　　　C. 分支　　　　　　D. 转移

12. 下列关于状态图的说法中，正确的是（　　）。

    A. 状态图是 UML 中对系统的静态方面进行建模的五种图之一

    B. 状态图是活动图的一个特例，状态图中的多数状态是活动状态

    C. 活动图和状态图是对一个对象的生命周期进行建模，描述对象随时间变化的行为

    D. 状态图强调对有几个对象参与的活动过程建模，而活动图更强调对单个反应型对象建模

13. 对反应型对象建模一般使用（　　）图。

    A. 状态图　　　　　B. 顺序图　　　　　C. 活动图　　　　　D. 类图

14. 类图应该画在 Rose 的哪种（　　）视图中。

    A. Use Case View　　　　　　　　　　B. Logic View

    C. Component View　　　　　　　　　D. Deployment View

15. 类通常可以分为实体类，（　　）和边界类。

    A. 父类　　　　　　B. 子类　　　　　　C. 控制类　　　　　D. 祖先类

16. 顺序图由类角色，生命线，激活期和（　　）组成。

    A. 关系　　　　　　B. 消息　　　　　　C. 用例　　　　　　D. 实体

17. （　　）是系统中遵从一组接口且提供实现的一个物理部件，通常指开发和运行时类的物理实现。

    A. 部署图　　　　　B. 类　　　　　　　C. 接口　　　　　　D. 组件

18. 关于协作图的描述，下列哪个不正确？（　　）

    A. 协作图作为一种交互图，强调的是参加交互的对象的组织

    B. 协作图是顺序图的一种特例

    C. 协作图中有消息流的顺序号

    D. 在 ROSE 工具中，协作图可在顺序图的基础上按"F5"键自动生成

19. 组件图用于对系统的静态实现视图建模，这种视图主要支持系统部件的配置管理，通常可以分为四种方式来完成，下面哪种不是其中之一？（　　）

    A. 对源代码建模　　　　　　　　　　B. 对事物建模

    C. 对物理数据库建模　　　　　　　　D. 对可适应的系统建模

20. 一个对象和另一个对象之间，通过消息来进行通信。消息通信在面向对象的语言中即（　　）。

    A. 方法实现　　　　　　　　　　　　B. 方法嵌套

    C. 方法调用　　　　　　　　　　　　D. 方法定义

21. （　　）是可复用的，提供明确接口完成特定功能的程序代码块。

    A. 模块　　　　　　B. 函数　　　　　　C. 用例　　　　　　D. 软件构件

22. 下图中的空心箭头连线表示（　　）关系。

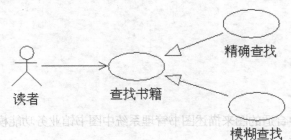

A. 泛化　　　　　B. 包含　　　　　C. 扩展　　　　　D. 实现

23. 组件图展现了一组组件之间的组件和依赖。它专注于系统的（　　）实现图

A. 动态　　　　　B. 静态　　　　　C. 基础　　　　　D. 实体

24. 若将活动状态比作方法，那么动作状态即（　　）

A. 方法名　　　　　　　　　　B. 方法返回值

C. 方法体中的每一条语句　　　D. 方法的可见性

25. 事件可以分为内部事件和外部事件。按下按钮和打印机的中断是（　　）事件。

A. 内部事件　　　　　　　　　B. 外部事件

26. （　　）是用于把元素组织成组的通用机制。

A. 包　　　　　B. 类　　　　　C. 接口　　　　　D. 组件

27. 下列关于类方法的声明，不正确的是（　　）。

A. 方法定义了类所许可的行动

B. 从一个类所创建的所有对象可以使用同一组属性和方法

C. 每个方法应该有一个参数

D. 如果在同一个类中定义了类似的操作，则他们的行为应该是类似的

28. （　　）是一组用于描述类或组件的一个服务的操作。

A. 包　　　　　B. 节点　　　　　C. 接口　　　　　D. 组件

29. UML 的全称是（　　）。

A. Unify Modeling Language　　　　B. Unified Modeling Language

C. Unified Modem Language　　　　D. Unified Making Language

30. （　　）是被节点执行的事物。

A. 包　　　　　B. 组件　　　　　C. 接口　　　　　D. 节点

二、设计题（共 40 分）

1. 看图回答问题。

a. 下图中类的名字是：_____

b. 类中的行为（方法）是：_____

c. 类中的成员方法的访问可见性是：_____

ReaderManager
_____
◇newReader()
◇ModifyReader()
◇deleteReader()

d. 该类是什么类型的类，这种类型的类作用是什么？

2. 请选择 UML 中合适的图来描述图书管理系统中图书馆业务功能模块。该模块包括借书，还书，预约借书等功能。

3. 请根据下面的用例图设计相关类图。

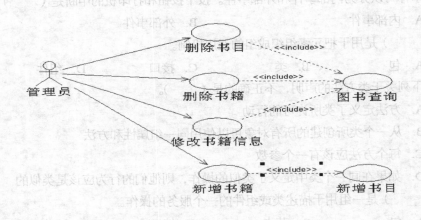

4. 你已经学习完了本课程，现在要你担任学生管理系统的项目经理，你会如何组织本项目小组的成员进行项目开发呢？

软件建模技术理论考核试卷（三）

1. UML 中，用例图展示了外部 Actor 与系统所提供的用例之间的连接，UML 中的外部 Actor 是指（　　）。

    A. 人员　　　　　　B. 单位　　　　　　C. 人员和单位　　D. 人员或外部系统

2. UML 中有四种关系是：依赖，泛化，关联和（　　）。

    A. 继承　　　　　　B. 合作　　　　　　C. 实现　　　　　　D. 抽象

3. UML 中的事物包括：结构事物，分组事物，注释事物和（　　）。

    A. 实体事物　　　　B. 边界事物　　　　C. 控制事物　　　　D. 动作事物

4. 在 UML 中，（　　）图显示了一组类、接口、协作以及它们之间的关系。

    A. 状态图　　　　　B. 类图　　　　　　C. 用例图　　　　　D. 部署图

5. UML 中，对象行为是通过交互来实现的，是对象间为完成某一目的而进行的一系列消息交换。消息序列可用两种类来表示，分别是（　　）。

    A. 状态图和顺序图　　　　　　　　　　B. 活动图和协作图

    C. 状态图和活动图　　　　　　　　　　D. 顺序图和协作图

6. 用例（Use-case）用来描述系统在事件做出响应时所采取的行动。用例之间是具有相关性的。在一个"订单输入子系统"中，创建新订单和更新订单都需要检查用户帐号是否正确。那么，用例"创建新订单"、"更新订单"与用例"检查用户帐号"之间是（　　）关系。

    A. 包含（include）　　　　　　　　　B. 扩展（extend）

    C. 分类（classification）　　　　　　　D. 聚集（aggregation）

7. 软件生存期包括计划，需求分析和定义（　　），编码，软件测试和运行维护。

    A. 软件开发　　　　　　　　　　　　　B. 软件设计（详细设计）

    C. 软件支持　　　　　　　　　　　　　D. 软件定义

8. （　　）模型的缺点是缺乏灵活性，特别是无法解决软件需求不明确或不准确的问题

    A. 瀑布模型　　　　B. 原型模型　　　　C. 增量模型　　　　D. 螺旋模型

9. 瀑布模型的生存周期是（　　）。

    A. 听取客户意见→建造/修改→测试/运行

    B. 计划→听取客户意见→设计→编码→测试→运行/维护

    C. 计划→需求分析→设计→编码→测试→运行/维护

    D. 需求分析→计划→设计→编码→测试→运行/维护

10. 下面哪个不是 UML 中的静态视图（　　）。

    A. 状态图　　　　　B. 用例图　　　　　C. 对象图　　　　　D. 类图

11. （　　）技术是将一个活动图中的活动状态进行分组，每一组表示一个特定的类、人或部门，他们负责完成组内的活动。

A. 泳道　　　　　B. 分叉汇合　　　　C. 分支　　　　D. 转移

12. 下列关于状态图的说法中，正确的是（　　　）。

　　A. 状态图是 UML 中对系统的静态方面进行建模的五种图之一

　　B. 状态图是活动图的一个特例，状态图中的多数状态是活动状态

　　C. 活动图和状态图是对一个对象的生命周期进行建模，描述对象随时间变化的行为

　　D. 状态图强调对有几个对象参与的活动过程建模，而活动图更强调对单个反应型对象建模

13. 对反应型对象建模一般使用（　　　）图。

　　A. 状态图　　　　B. 顺序图　　　　C. 活动图　　　　D. 类图

14. 类图应该画在 Rose 的哪种（　　　）视图中。

　　A. Use Case View　　　　　　　　B. Logic View

　　C. Component View　　　　　　　　D. Deployment View

15. 类通常可以分为实体类，（　　　）和边界类。

　　A. 父类　　　　B. 子类　　　　C. 控制类　　　　D. 祖先类

16. 顺序图由类角色，生命线，激活期和（　　　）组成。

　　A. 关系　　　　B. 消息　　　　C. 用例　　　　D. 实体

17. （　　　）是系统中遵从一组接口且提供实现的一个物理部件，通常指开发和运行时类的物理实现。

　　A. 部署图　　　　B. 类　　　　C. 接口　　　　D. 组件

18. 关于协作图的描述，下列哪个不正确?（　　　）。

　　A. 协作图作为一种交互图，强调的是参加交互的对象的组织

　　B. 协作图是顺序图的一种特例

　　C. 协作图中有消息流的顺序号

　　D. 在 ROSE 工具中，协作图可在顺序图的基础上按 "F5" 键自动生成

19. 组件图用于对系统的静态实现视图建模，这种视图主要支持系统部件的配置管理，通常可以分为四种方式来完成，下面哪种不是其中之一?（　　　）。

　　A. 对源代码建模　　　　　　　　B. 对事物建模

　　C. 对物理数据库建模　　　　　　D. 对可适应的系统建模

20. 在 ATM 自动取款机的工作模型中（用户通过输入正确的用户资料，从银行取钱的过程，下面哪个不是 "Actor"?（　　　）

　　A. 用户　　　　　　　　　　　　B. ATM 取款机

　　C. ATM 取款机管理员　　　　　　D. 取款

21. （　　　）是可复用的，提供明确接口完成特定功能的程序代码块。

　　A. 模块　　　　B. 函数　　　　C. 用例　　　　D. 软件构件

22. 下图中的空心箭头连线表示（　　　）关系。

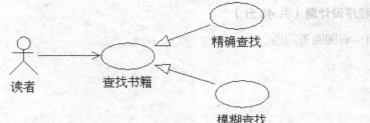

A. 泛化　　　　B. 包含　　　　C. 扩展　　　　D. 实现

23. 组件图展现了一组组件之间的组件和依赖，它专注于系统的（　　）实现图。

A. 动态　　　　B. 静态　　　　C. 基础　　　　D. 实体

24. 若将活动状态比作方法，那么动作状态即（　　）。

A. 方法名　　　　　　　　　　B. 方法返回值

C. 方法体中的每一条语句　　　D. 方法的可见性

25. 事件（event）表示对一个在时间和空间上占据一定位置的有意义的事情的规格说明，下面哪个不是事件的类型（　　）

A. 信号　　　　B. 调用事件　　　C. 源事件　　　D. 时间事件

26. （　　）是用于把元素组织成组的通用机制

A. 包　　　　　B. 类　　　　　C. 接口　　　　D. 组件

27. 下列关于类方法的声明，不正确的是（　　）。

A. 方法定义了类所许可的行动

B. 从一个类所创建的所有对象可以使用同一组属性和方法

C. 每个方法应该有一个参数

D. 如果在同一个类中定义了类似的操作，则他们的行为应该是类似的

28. （　　）是一组用于描述类或组件的一个服务的操作。

A. 包　　　　　B. 节点　　　　C. 接口　　　　D. 组件

29. UML 的全称是（　　）。

A. Unify Modeling Language　　　B. Unified Modeling Language

C. Unified Modem Language　　　D. Unified Making Language

30. 下面关于正向工程与逆向工程的描述，哪个不正确?（　　）

A. 正向工程是通过到实现语言的映射而把模型转换为代码的过程

B. 逆向工程是通过从特定实现语言的映射而把代码转换为模型的过程

C. 正向工程是通过从特定实现语言的映射而把代码转换为模型的过程

D. 正向工程与逆向工程可以通过 rose 支持来实现

四、程序设计题（共 40 分）

1. 看图回答问题。

ReaderManager

◆newReader()
◆ModifyReader()
◆deleteReader()

a. 下图中类的名字是：＿＿＿＿＿＿＿＿＿＿＿＿＿＿＿

b. 类中的行为（方法）是：＿＿＿＿＿＿＿＿＿＿＿＿＿

c. 类中的成员方法的访问可见性是：＿＿＿＿＿＿＿＿

d. 该类是什么类型的类，这种类型的类作用是什么？

2. 看图回答问题。

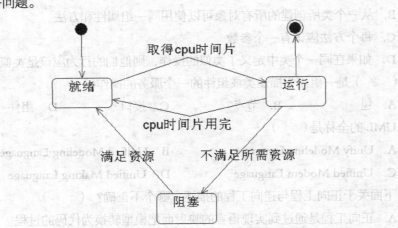

（1）该图是什么图，其中的矩形框表示什么？

（2）该图描述了怎样的情形？

3. 请根据下面的用例图设计相关类图。

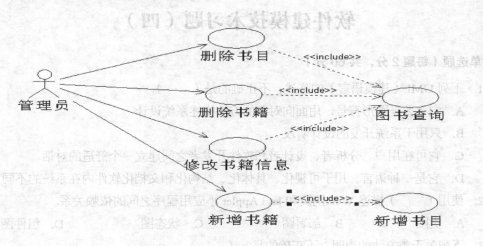

4. 学生管理系统中有一个模块是报到登记，具体流程是：在新生入校报到时，进行新生信息登记，记录学生的报到资料、个人基本情况的输入、查询、修改等。

问题：（1）写出在上述需求描述中出现的 Actor。

（2）根据上述描述绘制其用例图。

软件建模技术习题（四）

一、单选题（每题2分，共60分）

1. 下列 UML（建模语言）的陈述，不正确的是（　　　）。

    A. 它主要是图形符号，用面向对象的方法描述系统设计

    B. 只用于系统开发的设计阶段

    C. 它可在用户、分析者、设计者和软件开发者之间建立一个舒适的对话

    D. 它是一种语言，用于可视化、具体化、结构化和文档化软件内在系统的不同方面

2. 使用（　　　）描述 Web 网页和 Java Applet 小应用程序之间的依赖关系。

    A. 类图　　　　　　B. 部署图　　　　　　C. 状态图　　　　　　D. 组件图

3. 下列关于类方法的声明，不正确的是?（　　　）

    A. 方法定义了类所许可的行动

    B. 从一个类所创建的所有对象可以使用同一组属性和方法

    C. 每个方法应该有一个参数

    D. 如果在同一个类中定义了类似的操作，则他们的行为应该是类似的

4. UML 中哪种图用来描述过程或操作的工作步骤?（　　　）

    A. 状态图　　　　　　B. 活动图　　　　　　C. 用例图　　　　　　D. 部署图

5. 在面向对象的分析与设计中，下面与角色有关的陈述中，正确的是?（　　　）

    A. 在每个用例图中操作用例的被称为参与者

    B. 参与者不能是系统时间

    C. 参与者一定是一个人或用户

    D. 使用案例不考虑系统外部的参与者

6. 软件生存期包括计划，需求分析和定义（　　　），编码，软件测试和运行维护。

    A. 软件开发　　　　B. 软件设计（详细设计）C. 软件支持　　　　　　D. 软件定义

7. 在面向对象的分析与设计中，下列语句正确的有（　　　）。

    A. 通过部署图，可以从整体上了解系统节点的拓扑结构

    B. 在部署图中，使用依赖关系符号连接节点

    C. 部署图的节点中不能含有组件

    D. 部署图用于描述系统中软件的构成

8. foo 类的一个方法调用 bar 类的一个方法，除此之外，这两个类之间没有其他关系，foo 类和 bar 类之间的关系为（　　　）。

    A. 关联　　　　　　B. 依赖　　　　　　C. 继承　　　　　　D. 实现　　　　　　E. 聚集

9. 下列关于用例和用例图的描述，正确的有（　　　）。

    A. 系统是用例模型的一个组成部分，它必须代表一个真正的软件系统

B. 在扩展关系中，扩展后的用例一定要包括所扩展的原用例的全部行为

C. 用例图中，参与者可以是一个人，一部机器或者一个系统

D. 用例用一个名字在外面的椭圆表示

10. 在面向对象的技术中，（　　）属性可以从类定义的外部来存取，而（　　）属性不可以从类定义的外部来存取。

    A. 私有的，保护的   B. 保护的，公共的

    C. 私有的，公共的   D. 公共的，私有的

11. 在面向对象的分析与设计中，关于类图中类的属性的前缀符号，下列描述正确的有（　　）。

    A. 类的公有属性前面带有 –（减号）   B. 类的受保护的成员前面带有 +（加号）

    C. 类的公有属性前面没有任何符号   D. 以上皆不对

12. 在面向对象的分析与设计中，用于表示（　　）的语言称为"建模语言"。

    A. 类   B. 模型   C. 过程   D. 算法

13. 下面哪项不是活动图的元素（　　）？

    A. 活动   B. 伪代码   C. 叉/汇合

    D. 转移   E. 判定点/分支点

14. （　　）是将类细化为更具体的类的过程。

    A. 关联   B. 聚集   C. 泛化   D. 依赖

15. 关于协作图的说法不正确的是（　　）。

    A. 协作图主要关注事件，而不考虑时间

    B. 在协作图中，对象是使用类图标显示的

    C. 协作图中允许显示方法调用的细节

    D. 协作图不描述对象之间的交互作用

16. 以下（　　）主要关注不受时间影响的对象之间的交互作用。

    A. 顺序图   B. 状态图   C. 协作图   D. 活动图

17. 下面中（　　）图表示结束状态。

           ●   ◉

           (a)   (b)

18. UML 的全称是（　　）。

    A. Unify Modeling Language   B. Unified Modeling Language

    C. Unified Modem Language   D. Unified Making Language

19. 下列哪个不属于 UML 体系的部分？（　　）

    A. UML 基本构造块   B. UML 规则

    C. UML 公共机制   D. Rational Rose

20. （　　）在系统中是物理的、可替代的部件，是一个描述了一些逻辑元素的物理包。

A. 类　　　　　　B. 接口　　　　　　C. 用例　　　　　　D. 组件

21. 以下哪个不是静态图？（　　　）

    A. 类图　　　　　B. 用例图　　　　　C. 组件图　　　　　D. 协作图

22. 图书管理系统中还书用例和缴纳罚金用例的关系是（　　）。

    A. 泛化　　　　　B. 包含　　　　　　C. 扩展

23. 对象图中描述每个活动是由哪个对象来完成的，使用的技术是（　　）。

    A. 分支　　　　　C. 参与　　　　　　B. 泳道　　　　　D. 组合

24. 在 UML 中哪个不是状态的组成部分？（　　　）

    A. 名称　　　　　B. 进入/退出动作　　　C. 子状态　　　　　D. 可见性

25. （　　　）是一种使用关系，它说明了一个事物的变化可能影响到使用它的另外一个事物，反之未必。

    A. 泛化　　　　　B. 实现　　　　　　C. 依赖　　　　　D. 关联

26. UML 中关联的多重性是指（　　　）。

    A. 一个类的多少个方法被另外一个类调用

    B. 一个类的实例能够与另一个类的多少实例相关联

    C. 一个类的某个方法被另一个类调用的次数

    D. 两个类所具有的相同的方法和属性

27. （　　　）不是面向对象程序设计的主要特征。

    A. 封装　　　　　B. 继承　　　　　　C. 多态　　　　　D. 结构

28. 若对象 A 可以给对象 B 发送消息，那么（　　　）。

    A. 对象 B 可以看见对象 A　　　　　　B. 对象 A 可以看见对象 B

    C. 对象 A，B 可以相互不可见　　　　　D. 对象 A，B 可以相互可见

29. 什么构造可以使一个包中的元素访问另一个包中的元素？（　　　）

    A.《import》　　　B.《entity》　　　C.《export》　　　D.《interface》

30. 什么是用于描述类或组件的一个服务（功能）的操作集合？（　　　）

    A. 组件　　　　　B. 接口　　　　　　C. 规范　　　　　D. 节点

二、分析设计题：（共 40 分）

1. 观察下图，请对其中相关的关系进行正确的描述。（1 分/个，共 5 分）

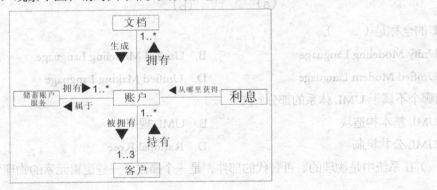

2. 数据分析公司的后台服务器上运行有一个后台应用服务程序——数据装载程序。该程序以多线程服务方式提供功能，完成数据接收、数据解压缩、数据解析入库和数据校验工作。请画出该应用程序的用例图。（5分）

3. 每一个 Vehicle(卡车)对象都有一个 Engine(引擎)对象。每个 Engine 对象包含零个或者多个齿轮(Cog)对象。请使用类图正确显示了这种（聚合和组合）关系。（5分）

4. 试对图书管理系统中图书馆业务功能：借书、还书、预约、取消预约 4 个功能以 3 层方式抽象出类（至少 5 个类），并指明是哪种类型的类。（2分/个，共 10 分）

5. 请使用 UML 类图详细画出图书管理系统中读者类。（5分）

6. 绘制出图书管理系统中的用户登录活动的顺序图。（10分）

参考文献

［1］ Booch, Jacobson,Rumbaugh. UML 用户指南.邵维忠，麻志毅，马浩海，等，译.北京：人民邮电出版社，2013.

［2］ Rumbaugh, Jacobson, Booch. UML 参考手册.2 版. UML China，译.北京：机械工业出版社，2005.

［3］ 殷人昆,郑人杰，马素霞，等. 实用软件工程. 3 版.北京：清华大学出版社，2010.

［4］ Pressman.软件工程 实践者的研究方法.梅宏，译.北京：机械工业出版社，2002.

［5］ 吴建，郑潮，汪杰. UML 基础与 Rose 建模案例.3 版. 北京：人民邮电出版社，2012.

［6］ Marksimchuk, Naiburg UML 初学者指南.李虎，范思怡，译.北京：人民邮电出版社，2005.

［7］ B oggs W， B oggs M. UML 与 Rational Rose 2002 从入门到精通.邱仲潘，等，译.北京：电子工业出版社，2002.

［8］ 统一建模语言.http://www.rational.com/uml.

［9］ Rational EA.https://www.software.ibm.com/reg/rational/rational-i.

［10］ http://www.umlchina.com.